U0383423

天の科学史

The Science History
of
Celestial

"天"的科学史

［日］中山茂\著　　汪丽影　谢　云\译

笹川日中友好基金
The Sasakawa Japan-China Friendship Fund　　南京大学出版社

阅读日本书系编辑委员会名单

阅读日本书系选考委员会名单

目　录

序　论

天文业余爱好者和天文学家

先介绍一下自己。我在战后念大学的时候一直专攻天文学，而后又在美国的研究生院攻读了科学史。科学史涉及范围很广，因为我是天文学出身，所以我的硕士学位论文选择了天文学史方向，可以称得上是从事天文学史研究的专家。

接下来将与大家讲述有关天文学的历史，但是在这之前，还有一番话想说。

在与社会人士接触之时，每当我说出自己的专业是天文学时，总是有人接过话头，这样描述着自己少年时代的梦想："好羡慕你啊！我小时候也很喜欢天文学，喜欢透过望远镜眺望星空……"

每当我接着问道："那么你为什么没有成为天文学家呢？"回答总是五花八门。有的说"当一个天文学家没法养家糊口啊"，有的说"渐渐长大后我的兴趣转向人文社会方面了"。

在这之中有一个回答让我难以忘怀："想要学天文学的话得学数学吧，我最讨厌在学校学的那套数学了，所以就放弃了。"

的确，纵观我们天文学的前辈和同行们，从业余的天文爱好者最终成长为专业天文学家的人出乎意料地少，充其量也就一两成罢了。好像大部分人的确是和其他领域的科学家一样，在学校时就喜欢理科，其中擅长数学和物理的又更是不胜枚举。换而言之，从小就对天文喜欢得不能自拔的狂热者，却因为过于沉迷于兴趣之中，没能好好准备升学考试，以至于在入学考试的数学科目上受挫，或是打一开始就没打算去接受考试。无论是对于这些因为数学考砸而没能去追逐自己理想的人来说，还是对于天文学界来说，这都是一件令人扼腕叹息的事。因此，要说错在谁身上的话，我觉得比起那些对考试敬而远之的天文爱好者来说，更应该受到批评的是当今的这种入学考试制度。

我想大家未必认为所有对天文学感兴趣的人都要成为那寥寥无几的天文学家吧。我绝不否认，要想成为专业的天文学家需要艰苦的努力，但是如果像现在这样专家和业余爱好者之间存在着巨大鸿沟，因为一群专业天文学家的存在导致业余爱好者的活动逐日萎靡，最终失去最初的兴趣，这对于人类来说绝不是一件好事。回首十九世纪，业余爱好者们的活动更为活跃，每当举行天文学或是其他科学的通俗演讲会，传播大自然的神奇之处时，观众的人数之多与现在不可同日而语。而如今一提到天文学啊、科学啊，大部分人总认为这些都是专家们的事，一副漠不关心的态度。

因而，为了尽可能填补专业与业余爱好者之间的鸿沟，我将在这本书里，用讲述充满人间烟火气的历史故事的形式与大家一起接近高深的天文学。

所谓精密科学

翻阅科学史的书，会发现最古老的科学分为三个派系，即数学、天文学以及医学。无论是埃及、古巴比伦，还是中国或是印度，在这些古老文明的发源地，这三个学问都是一马当先。

仔细想想，因为大家都想治好疾病，所以医学得以先一步发展是必然的，但是当时的医学却还称不上是一门学问。这种立足于期待康复的全部行为，与其说是医学不如说是医疗。

再者，说到数学，不论是计算货币，还是测量土地，都必须用到数字的运算。即便在古代文明之中，人们也早早就意识到数学的重要性。但在现今关于科学的定义中，有时还会把数学排除在外。因为他们认为数学不是以自然为研究对象的，所以不属于自然科学。

这么一来，剩下的就只有天文学了，这才是历史最悠久的科学。要说为什么天文学从那么久之前就成为一门科学，那是因为天体的运动是极为规律,同时能被精密计算的。试想一下其他情况,不论是物体掉落还是茶杯破碎,世间各种现象都无法准确地用数字来表述。至于人类社会,那就更加纷繁复杂,压根别想用算式来表达了。在这一点上来看,天体的运动是很容易用数学运算的。与数学关系紧密的科学在当今被认为是"精密科学",而天文学正是其中代表。

正因为研究的对象以及研究方法的精密,令天文学成了最早的科学。与此同时,在各种各样的科学史之中,天文学史出现得最早这一现象也与天文学作为精密科学所具有的精密性息息相关。早在十七、十八世纪,天文学家们就开始从天文学的历史中寻找古老的观测记录了。

1066 年出现哈雷彗星时,人们惊诧不已

就拿哈雷彗星的发现者哈雷来说吧。在他之前,人们一直认定彗星这种现象只会出现一次,但是在牛顿力学体系建成后,通过计算,人们认为彗星很可能是呈椭圆形轨道运动的。于是哈雷调查了之前的彗星观测记录,从而确定了彗星是会在若干年后重新出现的,换而言之就是存在回归现象,这就是著名的哈雷彗星的由来。像这样数十年后依然会再现的现象,正是源自于观测对象的高精密性。

不仅如此，到了十八世纪末，像拉普拉斯[1]这样的大天文学家们，也曾经为了确定天文常数而去查找古代历史中保存的观测记录。例如，想要知道一年有多长应该怎么做呢，最简单的办法就是计算今年的春分和明年的春分之间到底相差多少天，得出像是365或者366天这种结论。而想要更精确地确认的话，就需要翻查古代的资料了。打个比方说，要是用一百年间的春分观测记录来计算的话，就能计算出具体是365到366天之间的、精确到小数点后的数字，如果想再提高一个位数的精度的话，就需要一千年前的资料。因此越是古老的资料就越珍贵。拉普拉斯等人当时甚至还参照了古代中国的观测记录，用以确定天文常数。为了能获得古代天文学的资料，人类自古就开始了天文学史的研究。

像这样，当天文学的常数得以确定之后，人们可以反过来根据天文常数推定那些记录了天文现象的文献究竟处于哪个时代，我们将之称为天文年代学。准确得出天文常数之后，我们就能通过它们精确推断出古代的日食、月食等现象到底出现于何时何地，然后再通过对照事先制成的表格，对古代的相关记录进行年代的推断。进而推算出历史上各种自然现象发生的年代。如今，我们还有了能够处理曾经无法着手的巨大数据量的电脑，它正成为我们确定历史年代的决定性利器。

天文学史的第三种应用，则是关于上文所述的已被确定的天文常数体系在不同文化圈所呈现出的差异。就连一年的长度，在古代的巴比伦、希腊、伊斯兰教国家、印度数值都有所不同。但是他们之间并非是毫无关联的。这一方面体现了天文常数一步步改良的历史，但另一方面，更为重要的是通过比较，能确切地看出在天文学方面某些地域对其他地域的影响。由于天文常数都是一些位数多的精密数据，所以很难想象两个不同的地方会因为巧合而得出完全一样的结果，由此便能推断，有着相同天文常数的两个地域之间有着天文学甚至文化方面的交流活动。通过调查研究发现：从公元前五世纪前后开始，古巴比伦发达的天文学就深深影响

---

[1] 译者注：拉普拉斯(1749—1827)，法国分析学家、概率论学家和物理学家，法国科学院院士。是天体力学的主要奠基人、天体演化学的创立者之一。

了古希腊，甚至还波及到印度，接着又从印度影响到了伊斯兰文化圈。这种历史顺序，也能称之为一种文化交流史，通过天文常数的对照而清晰地浮现在人们眼前。但在另一方面，中国的天文学家们所使用的天文常数则和西方完全不同，这也证明了西方的天文学对于中国的影响意外地少。像这样，天文学史也能变身为研究文化交流史的有力工具。

上述这些应用都与天文学作为精密科学所具有的特质密不可分。我有一位不太熟悉天文学具体研究内容的朋友总是这么说："你们这些天文学家，总是研究那些数量庞大的天体，所以肯定无法在意那些小细节吧。"的确，我并不否认一直以宇宙为研究对象也许会令人变得豁达大度，但实际上，想要解明这个庞大的宇宙，需要非常细致的观测和计算。举个例子说，自己手头的观测器械的角度哪怕是出现仅仅几秒的误差，都会导致观测对象出现可怕的几亿光年的误差。所以，天文观测要求绝对的精密。

计算方面也不例外。之前已经提到过，天文学的对象是十分精密的，这一点决定了天文学的计算必须相当精细。比方说，有"天文数字"这么一个词，我却并不觉得这个词只是意味着庞大的数字。我倒是觉得这个词是用来形容有效数字的多，换而言之就是用来形容精密数字的。虽说现在就连普通的天体轨道计算也是用计算机来完成的，但是过去可是要用到至少七位数的对数表来计算的。传说当时甚至还用上了十三位至二十位的对数表。天文学的研究对象要求如此高的精密度，就算在自然科学之中这也很少见。如果是普通物理现象的话，两位到三位的有效数字就足够处理了。但是发射人造卫星或是想要观测时刻、天体位置的时候就会要求神经质一般的精度了。

我在学生时代，曾应朋友的请求，在某天晚上带他们去了东京天文台。朋友们特别想体验一下透过当时日本首屈一指的 26 英寸天文望远镜来观测星空，但实际上这架望远镜并非用于直接的肉眼观测。在 Eye peace（接目镜）的地方安装着用来拍照观测的器械，能够用于直接观测的只是那种类似于相机取景器的小型望远镜部分。在观测时刻的时候，要求则更为严苛，因为人体靠近望远镜时，人的体温造成的温度微弱变化会导致望远镜的精度产生偏差,所以进行时刻观测时,观察者不直接靠近望远镜,而是通过远程操作来拍摄星球的照片。虽然可能会被人诟病这种做法几乎体现不出人的要素,过于冷冰冰了。但是,我还是想告诉大家,这就是天文学的一部分,是天文学的一个分支。

像这样,作为精密至极的科学,在古代就已形成的天文学主要可以分为位置天文学和天体力学等体系。就算在日本的大学,在二战之前也是以这些系统为主流,所以才要求天文学家必须有很强的数学能力,学校也进行着微分方程论等十分严密的数学教学。但是在战后,十九世纪末开始日益红火的天体物理学却成了主流,比起数学,物理学成了天文学家们更常用的工具。在天体物理学和宇宙论的计算中,几乎很少见到有着七、八位位数的有效数字,所以希望大家在理解这一点的前提下继续阅读本书。

关于考古天文学

虽然前文刚刚说过天文学属于精密科学,但其中部分领域也存在仅凭细微而不确定的依据进行论述的现象,其论述内容往往无限扩大天文学的精密度,超出了世间常识。在十几年前,宇宙进化论也属其中之一,虽然在我们还年轻的时候,曾经被天文学专家警告过不要去研究那种天方夜谭般的课题,但如今这已经成为学

英国的巨石阵

术界的一项正式论题了。即便如此,下文要论及的名为考古天文学的这一领域,至今还很难说清到底是属于学术范畴还是兴趣范畴。

但凡是亲眼见过英国那著名的巨石阵(stonehenge)①的人,大概都会对它到底是用来做什么的进行种种推测吧。从古至今也有不少人对其进行了各种推测。有人说这是神殿,有人说这是集会场所,有人说这是墓地,还有人说这是饲养家畜用的建筑等等,各种说法不胜枚举。其中认为是"天文观测场所"的推测较为让人信服。当然,其作用很可能并不单一,而是用于多种目的。最近,某项研究正如火如荼地开展着,该项研究使用电脑对巨石群位置进行精密测定,试图从石头之间连线的方位来解析其天文学意义。

首先是天文学家霍金斯确信巨石阵是设计极为复杂的天文台,他指出巨石之间的十八根连线代表着冬至和夏至太阳的升起点和西沉点以及月球移动的南北限。

工程学家亚历山大·汤姆从 20 世纪三十年代起就开始对英国的巨石阵进行了细致的研究,并在战后的五十年代就开始陆续进行著作和论文的发表。他发现了这些建筑物之间共通的 83 厘米的巨石码②,巨石之间的距离以及周边都是以这个巨石码为单位的倍数。这说明在巨石时代有着特定的测量系统。

对我们来说,想要推测出没有文字记载的巨石时代的人们的心境是很困难的。然而,就算不知道他们为何建造这些建筑物,但是付出了如此巨大的劳力辛苦建成的成果,自然而然会引发我们对其建造目的的推测。我们常常发现大多数古代陵墓的堆砌和选地都是呈南北向的。古代人在建造有着祭祀功能的建筑物时,也会朝向具有某种特殊含义的方向。而且古时候的人们也迷信数字

① 译者注:巨石阵(Stonehenge)又称索尔兹伯里石环、环状列石、太阳神庙等,位于距英国伦敦 120 多公里的一个小村庄阿姆斯伯里。占地大约 11 公顷,主要是由许多整块的蓝砂岩组成,每块约重 50 吨。它的主轴线、通往石柱的古道和夏至日早晨初升的太阳,在同一条线上;另外,其中还有两块石头的连线指向冬至日落的方向。2013 年 8 月,考古学家研究显示对史前巨石阵的挖掘发现至少 63 具人类尸骨,推测最初这里曾是一个墓地,大约 100 年后开始建造巨石阵。建于公元前4000—公元前 2000 年。

② 译者注:所谓"巨石码"是一种古老的线形测量方法。

的选择,会把他们喜爱的具有神秘色彩的数字或是八卦相数隐含其间。

在观察天文现象时也不例外。例如太阳从地平线升起的点会随着季节变动而发生变化,假设古代人们记住了一年中太阳升起时的最北点,在那之后,他们会发现日出的点会南移,到了第二年又回到了北边,移到最北点后,会停止北移。当古代的人们发现第二年、第三年太阳的升起点都是移到同一个位置后就停止了北移之时,他们心中一定会感慨万千吧。而这就是夏至的发现。我们也可以想象,他们或许就是为了纪念这一点而建立了巨石阵,并且以石头与石头的延长线来标明那个最北点。

但是这些事实都已被尘封于历史之中,我们也已无法得知真相。当循着一丝微弱的证据,并随之抽丝剥茧般察觉出巨石阵的天文学意义之时,我们现代人心中的感慨想必不亚于发现夏至时的古代人的心情吧,当然,我们还想把这份感慨传播给更多的人。最近这类研究被命名为考古天文学,相关的专业学术刊物也已经发行。我们可以把其定义为:考古天文学就是一门调查类似于巨石阵、环状列石①等这类巨石文化的遗迹,测定出群石的方位、排列方式,以此来证明其是远古时代的天文台或是其中蕴含的某种天文学价值的学问。

考古天文学家不同于依靠文献史料的历史学家以及古代天文学史的专家,他们虽然在大量巨石数据的统计性处理的基础上建立了某种假说,但是这些假说很显然缺乏确凿的依据。试图用这些假说来说服对方,必须要抱着超乎寻常的热情。有幸的是如今热衷于考古天文学的研究者大多是口才出众、气场逼人的人才。他们善于从细微的依据入手,凭借着惊人的想象力,就像解谜一般推导出答案。一旦感受到其魅力,研究者就会沉迷其中,迸发出超乎普通的科学研究者的研究热情,前文提及的汤姆就是其一。

据汤姆论述,史前时代(公元前 3300 年左右—公元前 1500 年左右)的不列颠人已经形成了相对于古代而言十分出色的天文学。

---

① 译者注:环状列石为巨石纪念物之一,将天然石头排列成环状。新石器时代较多见。据说与崇拜太阳与坟墓有关,有名的巨石阵有英国的巨石阵等。

他们能准确地确定冬至、夏至的时刻，广泛使用着误差只有一天的高精度的太阳历。该太阳历的精度已经远远超出农业活动的实用目的。汤姆甚至认为古代人还致力于观测月亮升降于地平线的现象，进行了复杂的运算，为了记录太阳、月亮在长周期内的运转情形，竖起了环状列石，而他们的天文知识水准在十七八世纪之前可谓无人能超越。

霍金斯、汤姆都是理工科出身的学者，很多有着这样学术背景的人在进行考古天文学研究时，往往侧重于从某种假说出发，利用现代天文学、电脑的力量，试图证明巨石时代存在着令人惊叹的天文学，但另一方面他们似乎忽略了对其他社会状况的考量。如果汤姆的观点是正确的话，那么史前时代末期，这样的天文观测项目历经数代延续下来，应该可以培养出专家，出现能建设大城市的自由劳动力，形成超乎我们想象的各阶层完备的社会。

就在考古天文学者们自由地展开想象的羽翼热情翱翔之际，在一贯保持专家特有的谨慎的考古学者、人类学者、古代天文学史专家的阵营里，却针锋相对地提出了反对意见，认为那完全是天方夜谭。很早之前就著有《金枝》的人类学者弗雷泽①等人也认为，原始社会里关于天体的记录少得惊人，他们尚无余裕来关注天体。无论是当今的波利尼西亚、密克罗尼西亚的传说中，还是在日本的《古事记》、《日本书纪》中，在受到中国文化影响之前，关于天体的内容出乎意外地少。人类学者、考古学者们认为，考古天文学家们提出的所谓的天文观测的证据等，只不过是石柱的排列碰巧与夏至时太阳的升降方向一致而已。的确，石柱之间还有各种连线的可能性，但是把每一种都附会上天文学意义是有一定难度的。

被视为古代天文学史权威的诺伊格鲍尔(Otto E. Neugebauer)以对待古代史料极为严谨而闻名。对于掺杂着不少传说等含糊不明的古代史的史料，诺伊格鲍尔的做法是进行严谨的甄别，在史料和无法确定的材料之间画出清晰的分界线。他这种做法令支持

---

① 译者注：弗雷泽(1854—1951)，英国人类学家，揭示从巫术到宗教进而到科学的文化进化的图式，主要著作有《金枝》。

者、后学者能安心跟随。他通过解读泥版楔形文字①揭示了巴比伦天文学已经相当发达，并因此而名声大震。但他指出的发达时期最多只能追溯到公元前四、五世纪。诺伊格鲍尔毫不理会汤姆的主张，并对其采取了无视的态度。

但是，所有的现象都不会是"无中生有"，即便没有发现史料，但也不能就此完全封闭人们的想象，阻挡人们探究史前资料的脚步。作为实际例证，谢里曼②就是因为相信希腊的古老传说而发掘了特洛伊的遗迹，此外，有一段时间人们认为中国的殷代只不过是一个传说而已，但是后来的考古发掘提供了确凿的证据。这种对于未知的古代的探索精神决不能轻易抛弃。话虽如此，巨石时代的天文学与巴比伦的天文学之间时空差距过大，考古天文学与古代天文学史之间横亘着的鸿沟短期内还无法填平。

而且，一般来说，考古学者在发掘出的证据的可靠性未得到确定之前，不会采用这些证据。但考古天文学家却会来者不拒地接纳各种有利于自家学说的证据。人们一般认为考古学者们是研究方面的专家，充分掌握了史料分析方法，与之相对，人们对考古天文学者则会采取责难的态度，认为他们不论在考古学，还是天文学方面，都是半瓶醋的业余爱好者，而且一旦沉溺于自己的学说，就听不进批评的声音。即便如此，考古天文学家们对于专家的批评置若罔闻，最近又尝试用天文学说来解释美洲土著民族、玛雅的遗迹，热火朝天地开展着研究。而在日本的北海道、十和田湖、长野县也都发现了环状列石，并成为热议的话题。

说到这里，想起十和田湖发现环状列石的村庄里的镇长曾经说过，环状列石毫无疑问就是耶稣曾经来过日本的证据，并大肆宣扬这种奇谈怪论，试图振兴该镇的观光资源。学界当然不会认可他的言论，但是对镇长而言，学术评价什么的根本无所谓，只要能

---

① 译者注：在古代美索不达米亚等地，主要作为记录楔形文字的材料而使用的泥版。迄今为止已发现约40万块，成为考古学上的珍贵资料。

② 译者注：海因里希·谢里曼（1822—1890），德国考古学家，考古学史上的传奇人物。掌握18种语言，凭借《荷马史诗》通过长期考古发掘找出了特洛伊遗址。他是希腊古典时代以前远古文化发掘与研究的开拓者，在希腊考古和欧洲考古学方面影响深远。

通过哗众取宠的言论振兴城镇就功德圆满了。

学院派的研究方法要求能说服学者，取得学问上的业绩，而且通过这种方式，逐步积累被人们认可的知识。但是估计在考古天文学方面今后也不可能轻易出现那种符合已然形成的学院派条件的、满足学究们要求的根据。所以，虽然遭受考古学者们的批评与反对，考古天文学就好比能够激发业余爱好者想象力的解谜游戏一般，依旧会深深吸引着人们吧。

韩国"瞻星台"之谜

除了像巨石阵那般被包裹在古老的迷雾中的遗迹之外，也有历经了漫长岁月洗礼的巨石构造。去韩国游览过的人，一定会造访新罗的古都庆州吧。而去过庆州的人，一定会在当地见识到被誉为东方最古老或者说世界最早的瞻星台吧。

位于韩国庆州的瞻星台

所谓瞻星台，正如照片所示，是一个高约 10 米的、外形酷似冷却塔的圆筒形石塔，在其中央部分向着正南方向，开着一个边长约

1 米的正方形窗口。

据记载,这个瞻星台(或者说是占星台)是善德女王 623 年(另有一说为 647 年)建成,人能登上此瞻星台,观测天象。但这个记载是在建成数世纪之后编写而成的,令人怀疑是否如实记录了建设时的实情,但无论如何,该瞻星台长期以来被认定为古代的天文台。

那么,古代天文台的功能到底是什么呢? 里面当然不会有近代天文台里配套的望远镜。一般认为其功能就是,当天上发生日食、月食、彗星、流星等罕见天象时,专门人员可以通过天文台及时捕捉到该现象并立刻向宫廷汇报。在大致同一时期,《日本书纪》中天武天皇 675 年有"始兴占星台"相关记载,普遍认为其功能类似于天文台。

但是,如果仅仅是为了观测天象异变,根本没必要登到塔顶观测。因为瞻星台的周边是开阔的平地,站在平地足以观测。或许当时该地是新罗的首都,周边的堂塔寺庙鳞次栉比,阻碍了视野,所以才建立望楼用作天文观测吧。但即便如此,由于塔内一片漆黑,再加上空间狭窄,几乎看不清脚下,很难做到在深夜及时汇报天象异变。而且仅据目前的资料来看,在善德女王治世之时,没有留下任何天象异变的记录。所以天文台的说法并非定论,依旧存有疑问。

于是就出现了"象征说"。该假说认为瞻星台是为了昭示王朝的权威,或是出于其他仪式性的意义而建,他们试图把其形状、大小、堆积起来的石头的数量等数据对照易学、八卦相数来进行分析。比如说,垒砌的石头有二十八层意味着二十八星宿,石块的总数是三百六十六块恰好暗示了一年的天数。

另有一说则是佛教体系的"象征说"。该假说认为由于建设之时正处佛教盛行的时代,所以该塔象征着须弥山。所谓的须弥山是与佛教一起从印度传来的宇宙观,认为日月星辰围绕着须弥山(喜马拉雅山)运转。如此说来,大家可以把瞻星台与日本的天文书中出现的须弥山图(参见本书 71 页第五章"宇宙理论的历史"中的插图"须弥山图")比较一下,就会发现形状有些相似。此外,同一时期的《日本书纪》中齐明天皇 660 年中的一文记有"建须弥山,

「天」的科学史

高若庙塔"，也令人感觉与瞻星台相关。而且瞻星台顶部呈四方井口状的建筑，也与密教的护摩坛很相似。但是却未能发掘出用于护摩①的碳，所以也没有证据证明该假说。

除此之外，还有各种解说，有的假说认为该塔整体就像一个巨大的日晷指针（该塔相当于圭表的指针），可以根据其投影来决定冬至之日；也有的假说认为它是丝绸之路上类似于烽火台的建筑，可谓众说纷纭，它说不定就是兼备上述功能的用于多种用途的塔。

时至今日这种讨论依旧热烈，或者说最近愈发如火如荼地展开了。天文学家持天文台的观点，而佛教学者强烈支持须弥山的说法，双方丝毫不肯退让。从总体来看，天文台的观点是比较有力的，但是"象征说"的观点也逐渐获得支持，这或许是因为其反映了学界最新的热门课题吧。

正因为瞻星台作为建筑物来说有着与其他建筑物迥异之处，所以引得前往庆州造访的人们都会不由得猜测其建筑目的，今后可能还会有更多的人加入讨论吧。我也参加过类似的讨论，大家通宵达旦地争论不休，仍无法得出统一结论。然而，大家依然兴致勃勃地争论不休，这正是讨论的乐趣所在。这或许也可称之为考古天文学，考古天文学就有这种特征，其学问自有吸引人乐在其中的魅力。

但是考古天文学是否算得上是一门科学呢？科学有着不同的定义方法，根据一种定义，考古天文学是一门科学，但是根据另一种定义，则未必能称之为科学。所以我依据最近的科学论，按照我个人的定义进行了思考。

现在最有权威或者说最有影响力的科学论中，有托马斯·库恩的"范式论"，根据他的定义，所谓的范式，就是"一种受到广泛民众认可的工作成果，在一定的期间内，给予科学工作者提供了如何对自然发问及回答的标准及典范"。提出地心说天文学的托勒

---

① 译者注：护摩来自梵语 homa。意即焚烧、火祭。又作护魔、户摩、呼魔、呼么。或意译作火祭祀法、火供养法、火供养、火供、火法、火食。即往火中投入供物以作为供养的一种祭法。

密①、提出日心说天文学的哥白尼②的业绩可谓典型的范式。甚至可以将这个概念扩大，把望远镜、射电天文望远镜等具有革命意义的观测器具也说成是一种范式。

而且与范式作为一组概念出现的是库恩科学论中的重要概念"常规科学（Normal Science）"。所谓的常规科学就是特定的科学家小组基于某种范式展开的科学研究。普通的科学家从事的大部分研究都属于常规科学。我认为这个常规科学的概念比范式更为重要，把科学定义为"可以归入常规科学的研究项目中的内容"。常规科学就是朝着范式所指示的方向不断"进展"的。

那么，如果用这个定义来衡量考古天文学会得到什么样的结论呢？比如说，汤姆的业绩可以成为一种范式吗？如果以他的研究成果为范本，能通用于其他的巨石文化研究，并不断积累常规科学研究结果的话，就可称之为范式了。但是仅就目前来看，汤姆的研究并没有得到学界的充分肯定，其他的学者也是各自进行着自认为准确的解释，因此这个领域并未形成范式。自然而然，基于此基础的常规科学研究相关领域也并未得到拓展，所以从前文的定义来看，考古天文学还不能被称为科学。

如果是科学的话，就会不断取得常规科学的进步。例如，在牛顿力学范式基础上，一旦牛顿解决了月亮与地球的问题，相关的太阳与地球、太阳与行星等问题也开始受到关注，科学的研究就会像这样，一个问题的解决会导致其他新问题的产生，并在解决的过程中不断完善进步。当研究成果积累到一定程度时，这个领域就会令那些没有经历过特定职业训练的门外汉们望尘莫及了。也就是说，业余爱好者们已经无法作为选手参加常规科学的解谜游戏，只能坐在观众席上观望结果。但是在考古天文学领域，由于还没有这种常规科学的研究成果的积累，无论是谁，都可以带着自己的学说参加到游戏中来。

我在绪论里区分了作为社会活动的科学与非科学，但是我们

---

① 译者注：托勒密（约 90—168），古希腊天文学家、地理学家、占星学家和光学家，"地心说"的集大成者。

② 译者注：哥白尼（1473—1543），文艺复兴时期的波兰天文学家、数学家、医生。提出了"日心说"，否定了教会的权威，改变了人类对自然对自身的看法。

这本书的主题是作为科学的天文学。在天文学的历史发展过程中，出现了各种范式，并在各自的基础上衍生出常规科学的各种发展方向，形成了从事该研究的不同种类的研究团队。在接下来的论述中，我不会一一指明哪个是范式，但是只要足够仔细，你就能发现一群研究者之间有着类似于范式的内容，你在读这本书的时候，若能一边思考各类范式内容的话，一定会发现更多乐趣。

天文学的定义与目标

在提及一门学问时，一般会从这门学科的定义着手。但是我个人认为，一门学科的定义是随着时代变化而更新的，极端地说，甚至是时时刻刻发生变化的，不应该轻易地给其下定义。

一般来说，所谓天文学就是以天文为研究对象的学科。在对一门学科下定义时，有两个方法，即或是根据对象，或是根据方法。像物理、化学等现代的学科，一般不以对象，而是以方法来进行定义。比如说，使用了物理学方法的就说明其带有物理学的特征，将这种方法用于不同对象时，就会进一步分类出关于天体的天体物理学、关于生物的生物物理学等。上述学科中的"天体"、"生物"是提示了研究对象。也就是说，天体物理学是以天文学为研究对象，用物理学研究方法来研究的一门学科。

从科学史的发展顺序来说，在古代，并无特别规范的做学问的方法，学科的分类主要是根据对象而进行的。根据西方古代的宇宙观，月亮以上的世界属于天文学的研究对象，而其下的世界为自然学或是物理学的研究对象。生搬硬套这种分类方法的话，我们可以说，电离层是天体物理学与地球物理学的分界线，但是这个分界线也由于人造卫星这一新型观测手段的产生而受到了冲击，电离层渐渐变成了天体物理学、地球物理学或者说普通的物理学家共同研究的课题。

日语中的"天文"二字来自于古代中国，字面为"天之文"，意指天上的"文"、"华彩"、"花纹"、"藻饰"等。当时的人们把天上发生的各种现象，如彗星、流星等，有时甚至把地震都看作是天文现象。所以说，那时的"天文"主要指天空出现的异常现象。有"天文·地文"这个词语,这里的"天文"与其说是指科学研究的对象,不如说是当发生某种引人注目的突发现象时,记录这种现象的学问。换言之,就是记录从天象中得到的讯息的学问。而且还产生了论述该现象对地上事物产生影响的学问,即占星术。也就是说,天文这个词语本来就含有占星术的意思。

但是,随着时代的变迁,根据天文而占卜地面现象的要素逐渐淡化,转变为仅记录天上的现象。即便如此,由于天文中暗含着占卜的意味,所以日本在明治时期引入 astronomy 这门西方的学科时,并没有直接翻译为天文学,最初是译为"星学"。所以东京大学早期就有星学科这么一个分科。由于有人提出,近代的天文学不仅以肉眼可见的星星,还必须把天空以及星际物质还有其他的各种物体都作为研究对象,所以日本在大正时期把该学科更名为天文学科。顺便提一句,京都大学就没有使用天文学或星学,从一开始就使用了宇宙物理学这个词语。这是因为当时天体物理学这门学科已经开始发展起来,与天文学、星学这类带有酸腐气息的名词相比,学者们认为天体物理学这种新学科能增添欣欣向荣的京都大学的生气,所以特地命名为天体物理学。

前文曾论及,从科学史的发展顺序来看,大趋势是从以对象为中心的学问转变为以方法为中心的学问,这一点从东京大学天文学科的命名以及后成立的京都大学的宇宙物理学科的名称变迁中也能看出来。这种倾向与每个人在不同成长阶段接触到的学科是并列的。在孩提的时候,从小学到高中为止,我们学到的都是星座的知识或是月亮、太阳系的相关知识,主要是以故事的形式展开天界的现象,所以是按对象来分类的,那时的天文学被归入地理学的一部分。但是进了大学之后,要在掌握了物理学等方法的基础上,以研究的视角观察天体,这时就是以研究方法为中心了,天文学也就被视为物理学的一个分科了。

在科学研究中,研究方法是探究研究对象的强有力的武器,研究会朝着该武器指明的方向快速发展。光学望远镜一度成为近代天文学的主要利器。最初人们用这个新武器来记述月球表面、各类行星,但是一旦全部观测完,就又停滞不前了。后来把望远镜的镜片中加上十字线,它就变身为精密测定的武器,这个进步促进了能准确测定天体位置的位置天文学的发展。而且,数学、力学的发展也开拓出天体力学这个新学科。此外,从十九世纪后半叶开始,利用光谱分析来自天体的光,调查天体的物理学性质的天体物理学也蓬勃发展起来。

到了战后,人们的观测工具不再限于依赖光能的光学望远镜,所以便出现了根据电波来观察宇宙的电波天文学。在那之前,作为天文学家的标志性的工作内容,就是要通过望远镜来眺望天体,一旦开始使用电波,天文学家们也必须学电磁学。当时老派的天文学家们曾经哀叹道:"天文学家也落魄到当电工的地步了。"

但是根据方法推进研究的学问也有缺点,那就是得到了强有力武器的助力之后,学问只向着能使用该武器的方向发展,而其他方向则往往会被忽视。人们曾经认为,关于月球表面的研究已经达到顶峰,不可能再有所发展了,所以认为这方面的研究不是专业天文学家应该做的工作。但是,自从人造卫星发射上天,人们能够造访月球,能看到月球的那一面之后,一时间月球表面学再度热门起来。今后还会出现形形色色的挑战天体奥秘的武器吧。还可能会出现根据新的方法,在新的研究方向上取得丰硕成果吧。但最终还是会归结为以研究对象为中心。使用各种涌现出来的新方法,最终把握住宇宙的整体构造,并且进一步掌握宇宙的时间变化,这才是天文学的最终目的,这一点不论过去、现在还是将来,都不会改变。

天文学各领域的历史性发展

在这一小节中,我将试图把天文学中各个领域在历史上如何形成、发展或是消亡进行一个概述。

(1) 方位天文学——显示恒星的位置与布局

在记述天文现象时,有必要先标示出该位置。在地球上,是以经纬度来标示位置、绘制地图的,在研究天界时,也必须先制作地图。因此正如绘制地球的地图一般,要把天体在天球上的位置进行标示,一方面要考虑到位置不发生变动的恒星、将之联结起来形成的星座,另一方面还要设定坐标轴。

在这种方位天文学的基础上,我们可以把恒星的纬度、经度(赤纬、赤经)与时刻相关联,用于确定地球上的经纬度,而且还能决定正在航海的船只的位置等,该学问在实际生活中有着很大的应用领域。人们将其称为实地天文学。

(2) 天文志、占星术——记录天象变化

一旦制定了天上的地图之后,就能在上面找出活动的天体,比如那些彗星、流星等。对照着根据(1)制作的天球地图,记录天上发生的异常现象,这就是天文学在刚起步时的主要研究内容。当时的天文观察并未能发现什么定律,仅是如实地记录了当时的各种天象。我们将之称为"天文志"。作为其应用,占星术得以产生并发展,占星术主要是论述这一类"异常天象"是如何影响地面生活的。

(3) 编制历法、历算天文学——制作历法

人们通过观测,渐渐发现看似不规则的天象变化中,也是有着规律性的。例如,谁都无法否认,太阳每天从东方升起。当然这还不能被称之为学问。人们进一步发现太阳的位置或者说是高度决定了季节的变迁。另一方面,人们还发现了月亮运行的规律性。人们把与太阳、月亮相关的现象关联起来后制作历法,以此来规范人们的生活,这可谓天文学的第一大应用了。这一类的天文学被命名为历算天文学,中国与日本的天文学,直至一百年前左右,都以这类天文学为主。

(4) 轨道论——记录太阳系的运行并找出其规则

做有规则运动的天体不仅限于太阳或是月球,人们紧接着发现,行星的运行也是有规律的。虽说行星本身与地球上的人们的生活并无直接关联,但是尤其是在西方,人们出于对占星术的热衷,用数学的形式找出行星的运行法则,并预测其运行,该学问得以发展形成了轨道论。

(5) 太阳系宇宙论

该理论主要是在西方形成的,当探索出太阳、月亮、行星的运行规则之后,天文学家们将其进行了组合,形成了以太阳系为对象的宇宙论。不论是托勒密的地心说,还是哥白尼的日心说都离不开从希腊起源这一传统。在望远镜得以迅速发展之前,由于人们

还无法通过肉眼观测到太阳系以外的宇宙,所以当时的宇宙观认为宇宙有一个太阳系,在其外侧散落着一些恒星,所以我们将其称为太阳系宇宙论。这是十六、十七世纪之前西方天文学的主要研究课题。

(6)天体力学——寻找力学法则

从太阳系的运行中找出力学法则的人是十七世纪后半叶的牛顿,也正是因为有了他的力学法则,才诞生了研究天体运行的学问——天体力学。该学科不仅仅研究太阳与地球、地球与月亮等两个天体之间的关系,还研究三个、四个甚至更多天体之间的相互影响,所以研究的课题内容复杂。十八、十九世纪的天文学家们为了探索这些问题,推导出很多数学算法,并加以使用。

(7)恒星天文学——调查恒星等的分布

到了十八世纪,天文望远镜越发先进,人们可以凭借这一利器调查至今为止无法凭肉眼观测到的恒星。其实,在肉眼观测的时代,人类早就全面彻底地观测了整个恒星世界,已经没有发展的余地了。前文论述的(2)至(6)的阶段几乎都在研究与太阳系相关的问题。但是一旦发现了肉眼无法观测到的天体,真可谓打开了一个新世界。十八世纪的威廉·赫歇尔①调查了恒星的分布,提出了"岛宇宙"②的概念,超越了之前的太阳系宇宙论,他将宇宙论拓展到遥远的恒星世界,是新型宇宙论的鼻祖。

(8)天体物理学——探究天体的物理学性质

自从十九世纪后半叶开始用分光器对天体的相位展开观测之后,又开拓了一片天文探索的新天地。在那之前,天文学家们仅把天体作为一个点来研究,但是从那之后,人们开始探究天体里包含什么要素等天体的物理学性质。这个方向的研究在进入二十世纪后,以原子物理学、量子论等现代物理学的研究成果为基础,取得了长足发展。现在,几乎可以说大部分专业的天文学家都是天体物理学家。

———————

① 译者注:威廉·赫歇尔(1738—1822),英国天文学家。恒星天文学的创始人,被誉为恒星天文学之父。

② 译者注:岛宇宙指与太阳系所属银河系几乎呈相同规模的大恒星集团,又称"小宇宙"、"银河"。

天体物理学本身还有很多分科。最初是以恒星为研究对象而起步的,但是现如今,既有太阳系的物理学领域,还有研究等离子体等高能源现象的天体物理学、射电天文学、X 光天文学等领域,这些都是为了探明天体的物理学性质。另外,继爱因斯坦的广义相对论理论之后的重力理论,也可纳入天文学研究的固有领域。

(9) 宇宙论、宇宙进化论

以现代天体物理学的诸成果为基础,试图再次认识宇宙是天文学的最终目标。(5)中论述的太阳系宇宙论虽有地心说、日心说,但都仅仅讨论了太阳系的问题。但是如今提到宇宙论,其对象已经扩展到银河系甚至更浩瀚的宇宙整体。此外,研究宇宙起源与进化的宇宙生成论或者说宇宙进化论相关领域,已经超越了以往的讲故事阶段,在立足于科学根据的基础上开展相关研究。

本书将按上述(1)至(9)的阶段,按照其历史发展进行论述。

第一章 关于星座

星图与星表

　　如果要确定地球上的某个物体的位置,只需要知道纬度与经度就行了。与之相似,只要制作出天体在天球——人们把天假定为是与地球一样的球形——上的纬度与经度形成的坐标轴,人们就可以确定天体在天球上的位置。因为只要做到这一点就足够了,所以也可以说学天文学不需要掌握星座的知识。实际上,专业的天文学家们即便不懂星座知识也可以从事研究工作。天球上的赤经、赤纬相当于地球上的经度、纬度,只需要把观测仪器上的刻度与之对应,就能在特定的时刻里从望远镜中看到相应的天体,十分便利。

　　这种做法虽然有效,但却不够有趣。旅行或是登山的时候,比起说去了北纬多少度、东经多少度的地方,说去了具体哪里的街区,爬了哪座山,更有乐趣一些。关于天球也是如此,在野外观测到流星划过某个星座而不是意识到具体的经纬度坐标时,更能激发人类的想象力。所谓的学问,最早都是在想象力的激发下产生,而绝不是机械死板的东西。

　　话虽如此,生长在城市里的读者能得到的星座知识,大概都是在老师带领下通过观看天象仪上的星座所得,那都是把希腊神话里的各种神像投影到星座上。处女座、射手座等都是基于希腊、罗马神话。但并不是每个人看到满天繁星都能将其连接起来形成处女座、射手座像的。虽然我们不得不叹服古代人的想象力,但其实任何一本关于天文学史的书中,都没有说明为何会把群星与希腊、罗马神话中的神像相关联。到如今当然更无法调查个中缘由，曾有一本十九世纪写成的书提及过此事：罗马时代的贵妇们似乎会用星座装饰宫廷半圆的、形似天球的内侧房顶，就像当今的人们会往圣诞树上挂饰物一般。用那些被金或银裹饰的塑像来装饰宫廷的房顶被认为是一种优雅的游戏，曾经相当流行。自那之后，天文学中便被加入了神话的色彩，当然这只是一家之言。

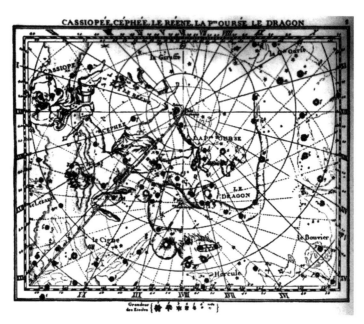

图 1‑1　弗拉姆斯蒂德①的《天球图谱》（北极周边图）

初版于 1729 年刊发于伦敦，上图截取 1776 年在巴黎刊发的第 2 版。

　　自那之后，公元二世纪出版了托勒密②的《天文学大成》③，该书有薮内清翻译的日译本，其中罗列的四十八星座与当今的名称

---

①　译者注：弗拉姆斯蒂德(1646—1719)，英国天文学家，格林威治天文台首任台长，致力于对月亮和恒星位置的观测，主要著作有《不列颠天图》、《天球图谱》等。

②　译者注：托勒密(约 90—168)，古希腊天文学家、地理学家、占星学家和光学家，"地心说"的集大成者。

③　译者注：《天文学大成》是古希腊天文学家托勒密所著的天文学书，确定了以"地心说"为根基的宇宙论，在十六世纪哥白尼的"日心说"出现之前，成为那时宇宙论的基准。

毫无二致。古代积累的智慧历经了伊斯兰黄金时代①之后,进入了中世纪的西欧拉丁世界,这就成了现在的星座的标准。所以星座的正式名称都用拉丁语标示。Andromeda、Orion 等直接用了拉丁语,大熊座、天鹅座的原语分别是 Ursa Major、Cygnus,而 Andromeda、Ursa Major 又进一步被略写为 And、UMa。

希腊、罗马时代的星座都是从北半球观测到的,因此虽然可以看到赤道附近以及北方的星空,却看不到南方的星空。但是文艺复兴以及大航海时代以后,西方人也开始驾船前往南半球,记录了在那里观测到的南十字星等南半球的星座,并模仿北半球以及赤道周边的星座,将其汇总成星座,并从十八世纪起开始使用。不过,南半球的星座命名已不再依据古希腊、罗马神话,而加进"望远镜"、"显微镜"等现代气息浓厚的星座名称。

正如前文所述,现在国际上通用的星座名称全都起源于希腊、罗马,但是希腊人却有一个思维定式,认为古老的东西全部都来自埃及。也就是说其实有一些是埃及人、迦勒底人②带来的星座名在古希腊发生变化后的产物。星座名一般都与当地的神灵、文物相关,正因为如此这些名称未必与希腊、罗马的风土相符。

我们还可以举中国的星座作为一个典型例子。中国有着完全不同于西方的自成体系的星座名,他们在连接星星时完全不同于希腊、罗马的做法。他们不像希腊、罗马那样把很多星星连接起来,而是把星座限定在较小的范围内。关于中国的星座体系,历史学家兼天文学家的司马迁在公元前写成的《史记》的"天官书"这一章中进行了详细论述。正如该章节名称所示,因为中国在汉代官僚制度已经十分发达,形成了西方所没有的官僚组织,所以星座的排列也是官僚制的投影。官僚制的中心是天子,在其周边是以皇后为首的皇族,围绕皇族的是以高官为首的百官。中国的星座体系是以

---

① 译者注:伊斯兰黄金时代,又称伊斯兰教复兴,在习惯上是指 8—13 世纪之间的 500 年,近来的一些学术研究将之延展至 15 世纪。在这段时期,伊斯兰世界的艺术家、工程师、学者、诗人、哲学家、地理学家及商人辈出,在传统学术的基础上保留并促进了艺术、农业、经济、工业、法律、文学、航海、哲学、科学、社会学、科技各方面的发展与创新。

② 译者注:迦勒底是巴比伦南部的旧地名,公元前 10 世纪起,闪族迦勒底人在此定居。公元前 7 世纪建立新巴比伦王国,统治中近东。天文、历法较发达。

北极为中心,按照官员的官位排列由中心向外侧依次递减而配置。

　　中国的星座体系有一个明显的特征,那就是星座之间没有间隙。正因为是模拟官僚制的,所以百官都居于宫中,而宫殿之中被毫无空隙地分割成很多房间。西方的星座是把硕大且明亮的星星相连而成,所以星座之间有空隙。也就是说,在星座之间,有着不属于任何星座的区域。可是到了近代,由于望远镜的威力,能看到肉眼无法观察到的星星,于是能在以往看似空无一物之处找到新的星星,但这也导致一个难题,即无法界定其究竟属于哪个星座。所以当今的星座,不再呈现出传统神话中的神像那般奇妙的、不规则的形状,而是用更为现代化的手段加以定义,如赤经几度到几度、赤纬几度到几度,在地图上用近乎直线的线条连接起来制作成明晰的区域。

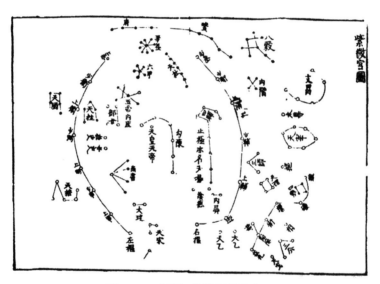

图1-2　中国汉代绘制的星座图
摘自马场信武著《初学天文指南四》[宝永3年(公元1706年)刊发]

　　我们的话题始于星座,说到星座,其实其中有一个特别重要的部分,那就是黄道①周边的星座。在西方,黄道十二宫早就出现,远

------

　　① 译者注:黄道指地球绕太阳公转的轨道平面与天球相交的大圆。由于地球的公转运动受到其他行星和月球等天体的引力作用,黄道面在空间的位置产生不规则的连续变化。

远早于星座这个概念。英语中称其为 zodiac，日语中翻译为"兽带"①。所谓的黄道就是一年内太阳在天体间的运转轨道。而且太阳系，也就是日、月及五大行星都是在黄道附近运行，不会偏离太远。然而，在制作地图的时候，为了能看清太阳、月亮以及水星、金星、火星、木星和土星等行星的运行轨迹，会以恒星这一不动的星球为参照物制作地图，并在地图上标出相应的轨迹。所以黄道附近是最为重要的区域。

读者或许会说，太阳在白天熠熠生辉，所以或许难以判断其在嵌满恒星的天球中的具体位置吧。的确如此，所以一般都是在日全食或月全食的时候，来确定太阳在星空中的位置的。当然，日全食是比较难以见到的现象。相比而言，月食要常见得多。只要知道月食的时候，地球的影子落在了月球表面的话，就可以知道此时太阳位于月亮的正对面。虽然没有日食、月食的时候那么精确，我们也可以说在满月的时候，太阳位于月亮的反面。所以说人们是通过月亮的位置来获得太阳的位置，并了解太阳在黄道上的运行轨迹的。

至于黄道为什么会分为十二个区域，这是因为太阳在黄道上绕行一周的期间，会有十二次满月，也就是说一年有十二个月。这是由于人们经常把太阳的运行与月亮相关联进行考虑的结果。这样一来就形成了黄道十二宫，但是现代天文学并不使用这一概念，而是将其融入普通的星座图中。

占星术使用黄道十二宫的概念。尤其是最近在周刊杂志上深受追捧的西方占星术，其中黄道十二宫成为一个出发点。也就是说，把一个人出生时太阳的位置对应到黄道十二宫上，根据出生日期确定属于哪个宫，并据此进行占卜。当有人说"我是处女座"时，其实是指其出生的时候太阳位于处女座的位置。

在古代中国，并没有黄道的概念。中国的天文学归根结底是以北极为中心展开的。在中国有十二星次②这种近似于黄道十二宫的区分方法，这是以北极为中心沿着赤道划分的，并非划分黄

---

① 译者注：日语中汉字写作"兽带"，中文意思即"黄道带"。

② 译者注：又称"十二次"，是中国古代天文学家对星辰的划分。

道。而且它还被冠以我们耳熟能详的十二支的名称，其方向与十二宫相反。

还有一个重要区分方法就是二十八宿①，把月球每天经过的位置投射到天球上，就会发现月球每二十八天自转一周。当然，二十八天并非完全精确的数字。"恒星月②"是指月球在嵌满恒星的天球自转一周所需要的时间周期，是 27.3217 日。也就是说二十七天更为精确，因此就出现了二十七宿与二十八宿这两种讲法。在印度等国就曾使用二十七宿。但是由于二十八宿能够用四整除，更为便利，所以虽然二十七宿的区分法更为精确，最终广为接受的却是二十八宿。

黄道十二宫、二十八宿以及天球全部的星座图标示出来后，就形成了相当于地球上的地图的图。在这个图上，国与国之间的界限分明，但是每个城市还需要加上不同的名称。也就是说，那些有名的星、特别明亮的星，都配上了天狼星③、织女星、毕宿五、参宿四等固有名称。也有像北极星那样，虽然并非特别明亮，却因为处于特殊的位置而获得固有名称的星体。但是给所有的星体都起一个特殊的名字并非易事，所以人们用了另一种标记法。这就是巴耶命名法④，用 α 来命名一个星座中最亮的星体，然后按明亮的程度递减的顺序依次用希腊字母的 α 到 ω 标记，由此确定二十四个星体的名称。也就是说标记为 α And 的星体就是仙女座中最亮的那颗星。如果一个星座中发现 24 个以上星体的话，其余星体就会按照字母表中大写的 ABC 的顺序依次命名。

---

① 译者注：又称二十八舍或二十八星，是古代中国将黄道和天赤道附近的天区划分为二十八个区域。

② 译者注：恒星月是指月球对于一颗恒星来说的自转周期。如果月球上某一点，本来面向着太阳，在经过一段时间后，这一点又回到了原先的位置上，这一周期就称为恒星月。

③ 译者注：天狼星(sirius)属大犬座中的一颗一等星，根据巴耶恒星命名法的名称为大犬座 α 星。天体中最亮的恒星。

④ 译者注：巴耶恒星命名法（Bayer designation）是由约翰·巴耶（Johann Bayer)在其《测天图》(Uranometria, 1603 年)中所提出的恒星系统命名法。根据这命名法，一颗恒星的名字由两部分所组成：前半部为一希腊字母，后半部则是恒星所处星座的属格。原则上一个星座之中最亮的那一颗星就会被称为 α，第二亮的就会是 β，接着就是 γ、δ……如此类推。

但是这种做法也有其限度。当用望远镜或是照片发现那些肉眼无法观测到的星体达到几十万个时,这种根据星座加以命名的方法就不够用了。因此如今广为使用的方法是,不再将其与每个星座一一对应,而是用第一个观测者的名字以及其制作的恒星表上的序号来表示。例如贝塞尔的星表的第几号星星,或是阿格兰德①观测到的波恩星表中的第几号星星等。

阿格兰德为了辨别那些在恒星之间进行小幅移动的小行星,制作出了庞大的恒星表。在十九世纪中叶左右,他使用口径为 7 厘米、焦距为 2 米、倍率为十倍,在今天只有业余的天文爱好少年才会使用的折射望远镜,和助手两个人一起,持续七年,记录了通过望远镜所观察到的恒星的通过时刻、位置以及光度,观测 32 万颗星星,共计 165 万次。人们将这个观测命名为"扫天调查"。像这种令人望而却步的、需要持续的恒心与韧性才能完成的工作,如果没有那种自己的探索堪称世界第一的开拓者意识的支撑,是无法完成的。

在肉眼观测的时代,人们制作星图的时候,是先观测到星星的位置,然后制作目录,再将其绘在纸上。但是到了照片技术被应用于天文学研究时,星图的制作顺序就发生了变化,人们先把天空分为小的区域,拍下照片,制作照片星图,然后用圆规在照片上测量星星的位置,制作星表。战后,在帕洛马山天文台②上,广角施密特照相机大展身手,在红色与蓝色两个感光波长领域,分别拍摄了红色的二十等、蓝色的二十一等星的照片。

像这样,仔细搜索全天球几十万颗星星,制作星图、星表(也即星星的目录)的工作是一项耗费时日且需要投入大量精力的不起眼的工作。这项工作的艰巨程度堪比制作地球上的地图。现在已经制作了涵括了肉眼无法观测到的星星在内的十一等星的目录,并且在星图上搜索全部天空,准备制作出版包括十四等星在内的

---

① 译者注:弗里德里希·阿格兰德(1799—1875),德国天文学家,编辑出版了波恩星表。

② 译者注:帕洛马山天文台(Palomar Observatory)位于美国加利福尼亚州圣地亚哥东北的帕洛马山的山顶,海拔 1706 米。1969 年,为纪念美国天文学家海耳,帕洛马山天文台和威尔逊山天文台合并成为海耳天文台。

数据。现在最为精美的星图是二十世纪五十年代利用帕洛马山天文台的施密特望远镜制作的全天域星图。

表示天体位置的方法

本节将论述天文学最基本的课题,也就是表示天体位置的方法。主要有两种,一种是用黄经、黄纬的黄道坐标法,另一种是用赤经、赤纬的赤道坐标法。

以地球的中心为中心,画一个与地球同心的球,将其半径无限延长。模仿地球的名称,称其为"天球"。将天体(恒星等)投影在这个假设的球,也就是天球上,表示其位置。地球和天球是两个同心球,所以地球的赤道投影在天球上就是天球的赤道,地球的北极、南极在天球上的投影就是天球的北极、南极。所以说天文学家说的北极、南极其实是指天球上的北极、南极,为了避免与地球上的北极、南极混淆,所以必要时会说天球的北极、天球的南极。

在对恒星进行定位时,把从天球的赤道与北极或南极之间的夹角称为赤纬,这就相当于地球上的纬度,也用北纬多少度、南纬多少度来称呼。天球的北极就是北纬90度,天球的南极就是南纬90度,也就是说,可以用正九十度到负九十度之间的角度来表示。

另一方面还存在着如何测量东西方向的问题。地球上是以格林威治为中心往东从东经0度到180度,往西则是西经0度到180度。在天球上要确定赤经的话,必须选定天球赤道上的某一点为基准。虽说这个点可以是任意的一点,但是现行的赤经的原点是取天球上的春分点。太阳在天球上移动的轨迹形成了黄道,春分点就是指太阳在春分的时候,投射在黄道以及与天球赤道相交的点。

地球上是以格林威治为原点,用东经、西经来表示位置,但其实这种做法很不方便。之所以会采取这种表示法,是因为在决定地球上的经度的时候,英国正处于支配着七大海洋的最盛期,所以经度是以英国为中心,划分为东经、西经。天球上的经度与上述帝国主义毫无关联,所以采用了更为合理的0度到360度的测算方式。

但是赤经一般不是用角度来测量,而是从0点到1点、2点来测,直至 24 点为一个圆周。至于其原因,是观测恒星时,由于地球自转的缘故,恒星看起来似乎是以天球的北极为中心一天转一周,所以比起用角度,用时辰来测量更为方便。把 24 小时与 360 度进行换算的话,也就是 1 小时相当于 15 度,而 1 分钟就相当于角度的 15 分。两者都用"分",容易引发混淆,所以表示时间就用 minute 的首字母"m",而角度就用"′"来表示。

按理说,这些数据如果全部用十进制统一的话,角度和时间就不会发生混淆,也更为合理,但是由于天文学是一门拥有几千年悠久历史的学问,在这期间积累了大量的观测数据,到如今,试图统一转换成当今惯用的十进制,几乎是不可能的。天文学家们在这一点上可谓心有余而力不足。仔细思考一下就会发现,24 小时为 1 天,这是二十四进制,而 60 分为 1 度则是六十进制,360 度为 1 周则是三百六十进制。这种进制的混乱完全是由历史造成的,我们至今仍无法挣脱历史的束缚。其中 360 度为一周应该是来自太阳用 365 天在天球中绕一圈这一天文现象。为了能除尽所以把 365 改成了 360 度。顺便提一下,在古代中国曾使用 365 这个单位。也就是把太阳每天移动的角度定为 1 度,所以用 365 度 1/4 就绕天球转一周。这个角度单位曾被引入日本,整个江户时代都使用了该单位。

在另一个坐标系即黄道坐标中,太阳运转的轨道,也就是沿着黄道从春分点由西向东从 0 度测到 360 度,并将其称为黄经。把黄道相反的一极上的点称为黄道极,从黄道到黄道极之间的夹角为黄纬。黄纬与赤纬一般,从正 90 度到负 90 度。黄经与赤经不同,角度是用从 0 度到 360 度来表示的。这是因为黄经本来就是用来测量太阳在一年内运转 360 度这一现象的。而赤经是用于记录以北极为中心进行周日运动①的恒星的。由此可以明确看出,赤经、赤纬是为了标示以天球的北极为中心进行周日运动的恒星的坐标

———————————

① 译者注:周日运动亦称周日视运动,是描述地球上的观测者每天观测到天空上的天体明显的视运动状态,在近极区尤为明显。这由于地球绕轴自转使然,使得所有天体都绕着这个轴(从观测者眼中即绕着北极星)作圆周运动,这个圆圈称周日圈,完成一圈运动需时 23 小时 56 分 4.09 秒(即一整个恒星日)。而日、月的东升西落也是周日运动的体现。

体系,而黄经、黄纬是为了测量太阳及行星绕黄道周边运转的坐标,是太阳系的坐标。

图 1‑3　设有黄道环的浑天仪
该仪器可以帮助人们理解天球与地球的对应关系

　　这种坐标体系产生于古希腊天文学。在公元前二世纪左右,也就是被誉为古希腊最伟大的天文学家的喜帕恰斯①所在的那个时代,一开始是用黄经和赤纬来表示恒星的位置。但是喜帕恰斯在与古代的观测结果进行比较后,发现春分点是在黄道上移动的。这在今天被称为"岁差"。他由此而思考用黄经和黄纬作为坐标

---

　　①　译者注:喜帕恰斯(约公元前 190—公元前 125),古希腊最伟大的天文学家,首次以"星等"来区分星星。发现了岁差现象,为方位天文学的创始人。

轴,这是因为赤纬会受岁差的影响而发生变化,但是如果用黄经、黄纬的话,黄经虽然会跟着发生变化,但黄纬完全不会因岁差的影响而发生变化。因此就开始使用黄经、黄纬的黄道坐标,该坐标也成为西方的古代及中世纪天文学中主要的坐标系。

赤经、赤纬是适用于标示恒星位置的坐标系,而黄经、黄纬是适合标示太阳以及在太阳通过的黄道周边运转的行星的运行轨迹的坐标系。如前所述,对于恒星的关注不久就不再成为西方天文学的主流,自喜帕恰斯开始,包括托勒密在内,西方的天文学的中心问题是记录太阳系——也即太阳、月球、诸行星的运行,并计算其轨迹。这样一来,黄道坐标轴自然就更为方便。因此直至近代,也即绪论中提到的天文学发展的第五个阶段,天文学家们关注的中心问题都是太阳系的运行问题,所以黄道坐标系更为方便。到了十六世纪的第谷·布拉赫[①]才开始关注恒星的观测问题,并考虑使用赤道坐标系,直至今日,赤道坐标系仍然发挥着主要作用。但在研究行星运动的天体力学中,到今天还在使用黄经、黄纬。顺便提一下,在英语中,赤经、赤纬用 right ascension、declination 来表示,但是黄经、黄纬说成 longitude、latitude,与地球的经度、纬度用同一个词语,这可以说是黄道坐标曾经占据天文学主流的一个证据吧。

另一方面,中国的天文学则一直以赤道坐标系为中心。天的北极是天帝所处之处,并以此为中心而构成了星座,形成了以北极为中心的天文学。

西方过去使用黄道坐标主要是因为有占星术这个副产品。占星术至今仍然盛行,主要根据日、月、诸行星的运行而占卜人的命运,因此黄道坐标系就更为方便。但是在中国,并没有根据行星的位置来算命的占星术,所以中国的天文学虽然热衷于观测太阳、月亮的运行,但是对于行星的运行则不太关注。所以,在当时用以北极为中心的赤道坐标系就足够了。

不论是黄道坐标系还是赤道坐标系,恒星在天球中都是以相

---

① 译者注:第谷·布拉赫(1546—1601),丹麦天文学家和占星学家。第谷编制的恒星表相当准确,至今仍有价值。

同的黄经、黄纬或是赤经、赤纬来表示的。也就是说,两种坐标系都认为天球每天都以北极为中心进行旋转,都是为了在旋转的天球上确定各个天体的位置而设立的。但在现实中,我们观测到的,是不断运动的天体。当我们用普通的望远镜进行观测的时候,不是用赤经、赤纬或是黄经、黄纬来进行测量的,而是跟测量普通的地球上的物体一般,用高度和方位角进行测量。

高度就是比地平线高出多少的角度,方位角就是指从南北的子午线水平地向西转0—360度之间的角度。这被称为地平坐标,请见图1-4。位于这种坐标系与赤道坐标系之间的坐标,有赤道子午坐标。赤道子午坐标就如图1-5所示,不是如地平坐标一般以天顶为中心,而是以北极为中心。而且南北的角度用从天球的赤道测量的赤纬来表示,东西的角度用从贯穿南北的子午线测量的角度——时角来表示。时角从南向西转,用0—360度或0—24时来表示。

要把用地平坐标测量的高度与方位角转换成赤道子午坐标的赤纬、时角,就用球面三角法对图1-5中的球面三角形PZ★进行解算就可。赤道子午坐标向赤道坐标的转换相当简单,如图1-6那样,春分点的时角等于该天体的时角加上赤道坐标的赤经,按这个公式就可以解出来。另外,从赤道坐标到黄道坐标的换算,只要求解图1-7的球面三角形KP★就可以。像这样,观测天体,测量高度与方位角,就可以由其换算成赤道子午坐标轴、进而换算出赤道坐标或是黄道坐标。另一方面,反之,如果已经有了用黄经、黄纬或是赤经、赤纬以表格形式的表现,我们也可以求解出恒星或行星的位置,也就是把前文的换算反过来,就能推算出某个特定的时刻该天体的高度与方位角。把望远镜转向由这种计算获得的方向,就可以在特定的时刻从望远镜中观测到该恒星。

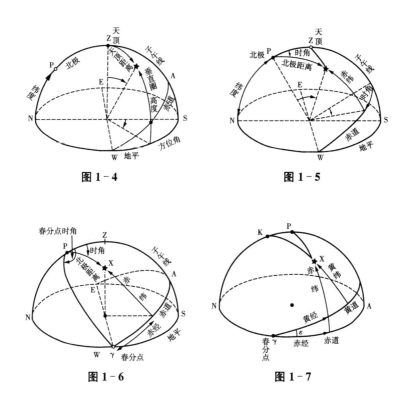

图 1-4　　　　　　　　　　　　　　　　图 1-5

图 1-6　　　　　　　　　　　　　　　　图 1-7

在进行这类坐标系之间的转换时可以用球面三角法。所谓的球面三角法就是处理球面上三个大圆弧形成的区域——球面三角形的边与角之间的关系。边用 a、b、c 来表示，角用 A、B、C 表示，与普通的平面三角法之间的区别在于边 a、b、c 也是用角度表示的。另外，与普通的平面三角法一样，如果知道了两边与夹角，就能求出另一边来，这样的关系依旧存在。其基本方程式为如下三个：

（cos 法则）$\cos a = \cos b \cdot \cos c + \sin b \cdot \sin c \cdot \cos A$

（sin 法则）$\sin a \cdot \sin B = \sin b \cdot \sin A$

（sin·cos 法则）$\sin a \cdot \cos B = \cos b \cdot \sin c - \sin b \cdot \cos c \cdot \sin A$

这三个方程式可以在 a、b、c 之间进行转换。

这个球面三角法在天文学中发挥了最为基本的作用，在历史上也同时伴随着天文学的进步而发展，不过其用途几乎仅限于天文学。这个球面三角法的诸公式在十七世纪之前就被开发并得以完善，而且也没有任何发展的余地了，所以今天已经不能再引起研究者的关注了。据说在当今，除了天文学之外，该公式还被应用于研究结晶的构造。掌握处理球面的技术及能力是专业天文学家最基本的素养。最近物理学的方法被大量引用入天文学的领域，天文学家与物理学家之间的区别已渐模糊，但如果要列举天文学家应有的素养的话，应该就是必须掌握基于球面三角法的球面天文学的技术与能力吧。

第二章　占星术

记录天上的变化

　　一般认为天体除了进行以北极为中心的周日运动①之外,都呈现静止的状态。在天球上设定坐标轴,制作恒星地图的话,就能了解太阳、月亮、诸行星在其上面运动的状态。进入近代之后,人们更是希望能正确地把握小行星、彗星、流星等天球上运动的物体,原本静止的恒星地图显然已经无法满足这种需求,为了更为准确地描述天体运动,天文学家们开始尝试描绘星图与星表。

　　在远古时期,如果出现了搅乱宁静天界的现象,会令原始的人们大为诧异。日食、月食以及流星、彗星等各类天体异变现象都令古代的人们极为震撼。古人们将其记录下来。不过,古代的人们并不像当今人们那样,把宇宙看作是遥不可及的,而是将其看作是贴近生活的现象,因此他们认为天象异变会直接影响到人们的人生。所以在记录了天象异变后,古人会去思考该天变对于地面的影响。例如,假设某年发生日食的时候,天子驾崩了。如此一来,人们就会思考当下一轮日食来临的时候,天子会不会驾崩呢,试图找到天与地之间的相互关系、因果关系。因此他们尽力观察天变现象,并制作了与之对应的地上的变化年表,努力探索两者之间的关联,这就是占星术。笔者已经在纪伊国屋书店出版了《占星术》一书,虽然并不想在此重复该书内容,但还是需要把主要的观点论

----

　　① 译者注:周日运动:因地球的自转运动,造成天体仿佛由东向西以北极为中心每日周期自转的现象。

述一下。

占星术可以大致分为两大类，分别是天变占星术和当今盛行的宿命占星术。正如前文所说，我们把认为天界发生的异变会影响地面这种占星术定义为天变占星术。这与当今的占星术是完全不同种类的占星术，而当今的占星术是以个人出生时的太阳、月亮、诸行星的位置来占卜其命运的宿命占星术。

首先，从记录上来看，占星术在古巴比伦和古代中国平行地存在着。在东方专治的政体下，天子的压倒性的权利支配着一切。当天子看到天象变化时，为了对其加以解释，会雇佣专门的占星师，也就是当时的天文学家，以防备天变引发的灾害。占星师们会长年累月地仔细观察天象，当发生异变现象时立刻向天子汇报。同时，他们会调查以往的记录，翻看当时发生相同天变时，地面上发生了何种现象，诸如天子驾崩、发生叛乱，抑或发生饥馑等，并向皇帝进言。皇帝为了提前采取预防措施，会召集僧侣让其进行祈祷，同时自己谨言慎行，试图免除由天变引起的地面的灾难。占星师们为了不辜负天子的厚望，常年认真观测天象，并加以记录。

在此介绍一则有趣的轶事吧。我们对中国《汉书》中出现的天变记录进行了统计，发现君主不同，天变发生的频率也有所差异（请参照图 2-1）。天变既然是纯粹的自然现象，应该不会受地面上的君主统治的影响，不论什么时代，都以相同的频率出现。但无论是记录这些天变的前汉时代（公元前 2—1 世纪），还是编纂《汉书》的后汉时代，天变占星术的基本理念就是，天变不是单纯的自然现象，而是上天对于君主发出的警告，因此在恶政时代自然会出现更多的异常天象。

甚至可以一针见血地指出，被恶政所苦的人们假借异常天象，千方百计地增加异常天象的次数，来对天子进行间接的批评。其中，能够采取这种隐蔽而又高智能"犯罪"手段的人，非上奏天变的占星师们莫属，他们有很大嫌疑。

暂且不论这种间接的批判有多大程度的意图性、有意性，总之身处恶政之下的占星术师们所感受到的危机意识，导致他们对异常天象变得极为敏感。也就是说，把天变占星术的原理作为其职业信条的占星术师们，在从事观测工作的时候，会抱有一种先入为

「天」的科学史

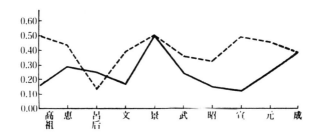

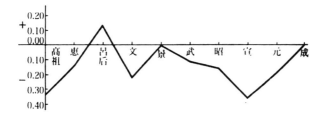

图 2-1

  上图用实线表示前汉时代各天子治世时记录的日食的次数(一年的平均数),虚线表示根据当今计算当时应该发生的日食次数(一年的平均数)。

  下图表现了记录的次数与实际次数的差,如果本文的解释成立的话,那么吕后、景帝、成帝当政时日食现象记录多是因为实施恶政,而少的高祖、宣帝实施的是仁政。

主的观念,即在这种非常时刻,老天必定会发出警告。

  这类记录,且不论记录者的意图,对于我们了解古代的天文现象都是十分宝贵的资料。在西方,这种传统在巴比伦王朝崩溃之后就没有得以完整保留。但是在中国,即便王朝更替,天变记录依旧持续,一直延续到清代。这其中有很多值得当今科学家进行探讨的宝贵资料。例如,古代的日食、月食记录对于决定天文常数起很大作用。此外,二战后还有一个备受关注的研究课题,即人们通过电波天文学而探清宇宙中电波的发生源,同时对照过去的中国、日本的记录,就会发现有新星出现的记录,由此可以解释为自新星出现之后,产生了电波。

  其实,把天上的现象与地上的现象进行关联思考是一种科学方法,也就说是一种找出经验性规则的思路。不过,即便把天上与地上的现象进行排列对比，也无法找出关联来。偶尔太阳黑子活动会引起地面的磁暴①，但这也是极为罕见的，因为天体与地球之间距离遥远，几乎不存在天体直接影响到地面这种因果关系。因此，无论如何搜集记录也没有什么结果，因此，人们渐渐不再把天文现象与地上发生的事情进行关联了，即便这样，中国、日本等地还是继续记录着天变现象。这样的记录在古代叫作天文。

在世人看来，天象异变比天文学的规则更引人关注，这正如地震比地球物理学的规则更能引起人们的关注一般。当月食、日食逐步能被预测之后，它们都成了科学的天文学的研究对象，而失去了类似天变占星术式的意义。在西方，现代英语把占星术称为"astrology"，把天文学称为"astronomy"，但是在古代，两者都被称为"astrology"。这与中国的天文一样，原本是研究天上一切物体的学问，但是随着从天体现象中发现行星运动等具有一定规则的现象之后，就作为探求天的 nomos（规则）的学问，也就是作为"astronomy"而分离出来了。

说到规则性，宿命占星术虽然有点靠不住，但是其具有严整的规则性。希腊也在进入希腊主义②时代后，就能够准确预测行星的运行了，自此便产生了人生也如行星运行一般，有着正确的运行轨迹的信仰。认为如果确定了出生之时的日、月、诸行星的位置的话，之后的人生也与天体运行并行，根据既定的宿命而运行，这就是宿命占星术的根本思想。

这种宿命占星术与天变占星术不同，并不会提供关于天文学的数据。可以说它只是天文学的行星轨道论对于人生的一种应用，而对于天文学本身并无任何贡献。由于在西方传统中，宿命占星术一直不乏信众，所以君主、大权在握者为了占卜自己的运势，

---

① 译者注：磁暴：地球磁场不规则地发生紊乱的现象。磁场变动最大不超过几个百分比。发生德林格尔现象，电波通信中断，几乎在全世界同时发生。一说与太阳的黑子活动有关。

② 译者注：希腊主义：历史学上指马其顿亚历山大大帝开始东征（公元前334年）至罗马征服埃及（公元前30年）之间的时代。文化史上指与东方文化接触并融合，带有普遍性的希腊文化。

会雇佣天文学家来观测天体,制作天宫图①这样的占星图,是天文学的实际上的资助者。

在周刊杂志的专栏上,经常看到"某某宫人士本周运势……"等内容,这类占卜作为占星术来说,过于粗糙。因为按这种占星术的做法来看,黄道一共只有十二宫,也就意味着十二分之一的人类都拥有相同的命运,谁都能看出这其实是违反现实的。

因此,占星术师们试图找出命运的个体差异。出生于同一场所同一年月日的两个人之间,由于诞生之时的时空环境相似度很高,所以可以说是在相同条件下迈向人生之路的,那他们之后的命运也应该有相似之处吧。也可以认为日本的同一时代的人们也是被置身于相同的命运环境中吧。

但是各人的命运其实是有所不同的,为了能充分说明这一点,就必须更加严密地分析黄道十二宫图。A氏与B氏虽然是同一时间诞生于同一村庄,但是由于住所的差异,精确地说,也就是行星位置出现了微妙的差别。虽然这种微妙的差异在现在能够观测到,但是在以前是无法观测到的,即便如此,占星术师也会从理论上用诞生地的经纬度的差异来进行说明。

那么双胞胎又如何呢?这是占星术理论史上有名的课题。同一个母亲生出来的双胞胎在时间、空间条件方面没有任何差异,那是不是可以说两人会有着几乎相同的命运呢?关于双胞胎在命运方面的细微差异,是用诞生时的微妙差异来勉强说明的,也就是说,双胞胎毕竟是先后诞生的,在这时间差产生之时,星球仍在运动,于是就产生了差异。

如上所述,若要进行黄道十二宫占星术的运势判断的话,必须要准确地知道自己诞生时刻。如果诞生时刻的数据出现1、2小时的误差的话,那就会出现完全不同的预测结果。

把诞生之时的日、月、诸行星的位置在黄道十二宫上标示出来并非难事。只要知道诞生的日期,太阳是一天移动1度,其他行星一天的运转幅度也不大,所以即便不知道具体的时刻,也能知道基本上是在同一宫内。但月亮是一天运转13度的,所以如果知道具

---

① 译者注:天宫图:指西洋的占星术,亦指占星术中使用的黄道十二宫图。

体时刻的话,就能给出准确的位置。

问题在于,还有十二位,根据其在十二位的位置决定了财产、寿命等占卜的内容。十二位相当于地平坐标的方位角,十二位与十二支相对应。我们以在日本发现的镰仓时代的真实黄道十二宫图(图2-2)为例,进行说明吧。

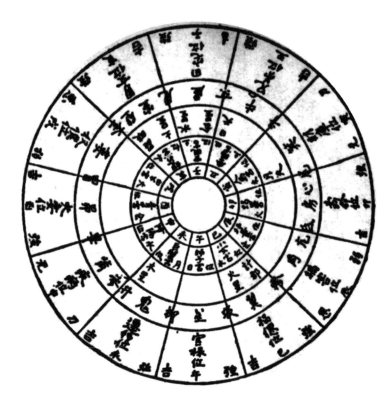

图2-2　在日本发现的黄道十二宫图
此图是占卜一位天永3年诞生的男子的"宿曜命运勘录"

这个黄道十二宫图是为了卜算一位天永3年(公元1112年)12月25日诞生的男子的命运,最外侧的圆是十二位,第二层是二十八宿,再往里面是日、月、诸行星(其中的罗睺、计都是从印度传来的想象中的行星,其实是指黄道与白道的交叉点),再往里是黄道十二宫,最里面是十二支。这里假定把最外面与最里面的圆固定住,中间的圆能像刻度盘一般旋转。最内侧与最外侧的圆用东西南北的方位加以固定,而中间的二十八星宿、黄道十二宫以及日、

"天"的科学史

月、诸行星是以北极为中心，做着一日一转的周日运动。用运转的十二宫上的日、月、诸行星与固定于周围的十二位的位置关系来进行占卜，每过三个小时，十二宫对应的十二位的位置就会发生 1 格差异，就无法准确地占卜了。

十二位与人们关注的内容相对应，这些内容在从西方经由印度、中国传入日本的过程中几乎没有发生变化。由此可以断言，人们的欲望、关注的内容不论大洋之东西，几乎是相同的。

例如正南的午的方位是官禄位，是占卜发迹、社会地位的位置，正东的卯的方位是占卜寿命的，而未的方位是变迁位，是用于占卜人生最关注的事情——死期的。

曾有不少高级知识分子也会满脸认真地问我，占星术真的灵验吗？对于这一类问题，我可以明确地表明态度说，宿命占星术是完全没有根据的。

即便如此，且不说古代的人们，即便当今宿命占星术已经被从学校教育中驱逐出去，大学等也都不教授这类学问了，但在民间至今仍然广受欢迎，这又是为什么呢？这是因为人们无法用科学来否定占星术，因为科学无法预测人生。也有人认为，是因为计算人生过于复杂，如果使用能力强的计算机的话，说不定哪天就能准确预测人生的运势呢！但是，无论计算机技术再怎么发达，由于人拥有自主意志，就会根据其自主意志，选择异于计算机预测的人生轨道。另一方面，虽说无法用科学来预测，人们却时常怀有预测自己将来的欲求。就是为了满足这种欲求，至今占星术还在进行着不太靠谱的人生预测。

由于人生复杂而难以预测，所以古代人们就会听天命，或靠易经来算卦。当今用于替代天命的，或许就是电脑了。电脑中有着黑匣子，当人们感觉无法判别的时候，会认为只要按计算机给出的答案去做准没错。这种超出人类思维，也就是求神护佑、求计算机护佑的倾向与宿命占星术是基于相同的思维方式。

按照宿命占星术的说法，人生轨迹完全是由出生之时的星星的位置决定的。人们最想知道的就是死期，也即自己什么时候会死。但即便能预测死期又有何用呢？如果那是绝对无法避免的命运的话，那还是不知道为好。如果信奉个人完全没有力量改变宿命,那么凭借占星术来提前获知宿命也无任何意义。

当然,当今的人们大多不会相信宿命是由星星决定的,那为什么占星术还受到如此欢迎呢,其实人们不过把其作为与未知的将来进行互动的一种游戏。正如人们即便不相信鬼神的存在,还是会去欣赏四谷怪谈的戏剧一般。

第三章　历法的故事

　　有人认为天文学源自人类对于天体的憧憬。但那只不过是疏于观测天体的近代都市生活者的乡愁而已,根据历史上的记录,真实情况并非如此。如前所述,由于对天体的敬畏,诞生了占星术。只要是有文字记载的文明,不论是哪里的文明,最先体现出与天体关联的就是利用天体来编制历法。

　　前文已经提到记录天上的变化是第一位的,那么在这种变化中最早确定的规则性有三个。第一就是一天的昼夜变化、昼夜周期,这是除了北极圈、南极圈以外的人谁都认可的吧。第二个显著表现就是月亮的盈亏。这叫作朔望月①,现在的正确值为 29.5306日。第三就是季节的变化,也就是一年的长度。这一点对于热带地区以外的民族可谓是从小就亲身经历。一般把一年的长度称为"回归年"或是"太阳年",现在的正确值是 365.2422 日。将上述三个时间的尺度进行组合就制作出了历法。历法利用了天体运行的规则性,对于制订将来计划是十分必要的,正因为如此,在有文字记载的文明中,很早就有了相关记载。

　　在历法产生之前,人类又是怎么生活的呢? 关于这一点并无文献记载,因此只能根据人类学者的报告,让想象力自由驰骋了。在我们看来,当时的人们根本无法想象利用历法的规则性来预测设计将来的生活,他们犹如自然之子,毫无意识地度过春夏秋冬,当季节变迁,岁月更替,才认识到已经过了一年了。我们把这种状态叫作自然历法。

------

　　① 译者注:朔望月:从一朔至下一朔,以及从一望至下一望的平均时间。与月亮的盈亏周期相一致。

本居宣长著有一本名为《真历考》的书,根据书中记述,在从中国传去历法之前,日本就处于这种自然历法的阶段,人们只是顺应着自然的变化安分守己地生活。虽然也有人提出,在中国的历法传入日本之前,日本也有自己的历法。这或许是那些主张复活纪元节,具有国粹主义倾向的人提出的吧,在我看来,在从中国传入文字之前,日本绝不存在自己的历法。基于历法的生活,与人类的自然生活不同,是一种积极用心的生活,而人类创造的历法也是一门科学。

关于太阴历①

　　前文提及的制作历法的三要素,也就是一年、一个月、一天之中,最容易测量的就是一天了吧。即便不使用工具,也都能看出来。但是要想精准地确定一天的长度,就要在地面垂直竖起木棒(称作圭表或日晷),在其影子最短的时候,也就是将从正午到第二天的正午之间的时间定为一天。

　　接下来较为容易测量的就是一个月的长度了。月亮盈亏的周期是 29 天至 30 天,并不太长,因此相对来说较早为各个民族所掌握。

　　测量一个月长度的单位当然是天。例如在满月的时候,用小刀在木片上刻一天、两天等做记号,当数字达到 29 或是 30 的时候,就会迎来第二个满月,由此可得出一个月的长度。

　　一年的长度由于长达 365 天,所以很难计算。而且跟月亮盈亏时能观测到满月不同,一年并没有非常明确的开始与结束。因此,有人就设想,与其直接测量一年的长度,不如把一天和一个月这两个长度单位组合起来,形成一个历法。这就是太阴历。

　　习惯了灯光照明的现代生活的我们可能无法意识到,月亮的盈亏曾经具有很大的重要性。对游牧民族来说尤其重要。在酷热的沙漠中赶着羊群生活的游牧民族为了避开酷暑,会在夜间移动,

---

　　① 译者注:太阴历:又叫阴历、农历。是以月球运转为基准而制定的列发,由于纯太阴历是以朔望月为基础计算日期,所以同季节的推移不一致。伊斯兰教历就属其例。

这时月光就成为不可或缺的照明了。赶着羊群在月光下的沙漠中前行,应当是一幅相当浪漫的光景。这种生活方式令他们对月亮的盈亏格外关注。

但是在太阴历里,月与日并不能完全吻合,导致一个月无法用整数的天数来表述,因此如何组合 29 日和 30 日,就成为制作太阴历时最大的难题。

刚才谈及的纯太阴历,无法体现季节变化。而无法凸现季节变化的历法又有什么用呢? 从天文学发展的顺序来看,制造出一天与一个月相均衡的纯太阴历并非难事,但是调查了全世界的古老的历法,并无证据显示这类纯太阴历自古就存在。

但是,有例子显示类似纯太阴历的历法直到现在仍然被人们所使用。在伊斯兰世界主要将其用于宗教上。其实在使用伊斯兰教历之前,那里曾使用了综合一年要素的阴阳历。但是使用阴阳历会导致日与月的组合变得复杂,经常会产生计算错误,致使那些根据月亮盈亏而确定的各种宗教仪式变得无法如期举行。因此他们就决定遵从可兰经的教诲,所有的宗教仪式都只根据月来举行,所以时至今日仍然使用着伊斯兰教历。

在伊斯兰区域,一般都会举行的最为重要的宗教仪式是"斋月"。这是绝食月,从这个月初,也就是本次新月到下一次新月之间的一个月期间,伊斯兰教徒都要绝食,向神灵祈祷。所谓的斋月,并非是一个月期间内完全不进食,而是指从日出到日落期间绝食,在夜晚是完全可以正常进食的。这个斋月,在使用纯太阴历的伊斯兰区域是与季节不对应的,斋月的具体时间每年都有所不同。

伊斯兰教历把 12 个朔望月视为一年,如此一来,一年只有 354 天,与表示季节变化的 365 天的太阳历有着显著的差异。伊斯兰教徒的历史使用了希吉拉①纪元,把 354 天视为一年,并把穆罕默德接受预言,从麦加逃到麦地那的那一年作为纪元元年来计算。这个历法与我们现在使用的太阳历之间,每年相差 11 天,因此,要

---

① 译者注:希吉拉:该词原意为"迁徙"。公元 622 年在麦加受到迫害的穆罕默德逃离麦加到麦地那,这一年为伊斯兰历的纪元元年。

把伊斯兰教徒历史的希吉拉纪元换算成普遍通行的格里历①,需要换算表。

由于伊斯兰教历比普通的一年要少 11 天,所以他们的斋月每年都要往前挪。当其与白昼时间长的夏季相重合时,教徒们就会很辛苦,这时从日出到日落之间的绝食,对于伊斯兰教徒来说也会成为一种格外辛苦的修行。

而且伊斯兰教历并不依从人们计算出的历法,所以至今仍旧依靠观测的方法来确定斋月。根据我们当今的科学的历法,完全能算出下一次新月的时间,但是他们却不相信,总是要亲自观测新月,并由此确定斋月的起始日期。沙漠地带虽然不太下雨,但若遇上阴天,还要安排飞机飞到云层之上,观察新月,并用无线通信发送回地面,然后通过收音机把斋月的起始日期通知给整个伊斯兰圈的人们。

关于阴阳历

如果只是出于宗教礼仪,利用基于月光的纯太阴历倒也可行。但是在热带地区之外,还有着季节变化,对于进行农耕的民族而言,季节的变化是非常重要的,甚至有决定性。如果根据一年时间短,且和季节不相符合的伊斯兰教历的话,有可能会误了播种与收割的时机,所以其无法应用于农耕。农耕与月光毫无关系,太阳的运行,也就是一个太阳年的长度才是重要的。虽然直接影响的是气候变化的周期,但是这是无法以严密的数字的形式表现出来的,而且气象条件年年有异,仅凭寒暑的感觉,无法精确求得一年的长度。

于是,为了能科学地计算出一年的长度,大致有如下两个方法。第一就是用白昼与夜晚的长度之间的关系来决定。例如,把一年中白昼最短的日子定为冬至,把从这一次冬至到下一次冬至的时间定义为一年。第二个方法就是根据太阳高度的变化来决

① 译者注:格里历:即公历,1582 年罗马教皇格列高利十三世为取代儒略历而制定的历法,现在世界多数国家都使用这一历法。

定。例如,冬至的时候太阳的高度最低,竖起木棒的话,影子是最长的。根据这一点确定的冬至到下一年的冬至之间就是一年。这两个方法中,前者在钟表并不发达的古代几乎是不可能的,所以古代的人们,不论国度,都采用了竖起木棒确定冬至日期的做法。其实在冬至前后,日晷的影子拉得最长,而且变化不大,所以严密地界定冬至这一天比人们想象的要难得多。因此,在中国采用如下测量方法,即在冬至前后的好多天测量影子同样长的日子,然后将最中间的那一天定为冬至。而在希腊,是利用浑天仪这种用于观测天体的环,来决定春分的日期。就这样,确定了一年有 365 天。

一个太阳年的长度与一个朔望月的长度如何组合,也就是闰月放在何时是一个问题,对应的解决方法叫作"置闰法"。不同的历法采用不同的方法,把一个月的长度与一年的长度进行组合与取整。而这些把月份与年份进行组合的历法,被总称为"阴阳历"。在西方,巴比伦尼亚、犹太、古希腊、在恺撒①改用太阳历之前的古罗马,都使用阴阳历。中国也是自古以来就使用阴阳历,而从中国引入该历法的日本,也一直沿用该历法至明治初期。如今说的旧历,指的就是阴阳历。

以置闰法为例,我们来看一下古希腊使用的默冬章②吧。一年的长度是 365.2422 天,19 年就是 6939.6018 天,大致是 6940 天。而一个月的长度是 29.5306 天,235 个月就是 6939.691 天,大致也是 6940 天。这样算来,如果把一年分为 12 个月的话,235 个月就是 19 年加上 7 个月。所以,在 19 年间放上 7 个闰月的话,只会产生 0.09 天的偏差,等过了 200 年,才会产生出一天的偏差,也就可以编制能使用 200 年的历法。总而言之,19 年间,12 个月的年份有12 个,加入一个闰月的 13 个月的年份共 7 个配置在期间,每 19 年就是一个周期。

---

① 译者注:恺撒(公元前 102—公元前 44),古罗马的将军、政治家。公元前 60 年开始第一次三头政治。征服高卢后,击败庞培,公元前 44 年成为终身独裁官。开展济贫事业、采用太阳历等。被布鲁图等暗杀。著有《高卢战记》《内战记》等。

② 译者注:默冬章:又名太阴周。通过每 19 年(235 个阴历月)设置 7 个闰月而使朔望(月)与季节(太阳)的周期一致。亦指以此为基础的阴阳历的历法。公元前 433 年由默冬发现,古代中国也曾施行相同内容的历法。

这样的历法足以满足生活上的需求了。人们凭借这种历法，利用月亮的光亮，对于以一年为周期进行的农耕设立了基准。满月的日子偏差一天，或是收割的日子偏差一天，并不会带来任何不便。每隔 200 年会有 1 天的月亮的相位与季节变化之间产生的偏离，但这不会给生活带来任何不便。

不过，制订历法的是中央政府，政府雇佣天文学家制作历法，并让普通民众使用。如果各个阶层的民众都使用各自的历法的话，社会秩序就无法维持。因为使用不同历法的话，连集会的日期都无法确定。而且让全国人民都使用中央政府制订的历法，还能进一步强化政府的权威。

在采用太阳历的西方，历法的问题并未受到如此重视，但是拥有世界罕见的官僚机构的中国政府，却一直殚精竭虑地制作准确的历法。如前所述，满月的日期相差一天，对于日常生活不会带来大碍，但是如果民众相信中央政府的历法，在日历上满月的日子满心期待去赏月，结果却等来缺月的话，就会怀疑历法的准确性，甚至会影响到政府的权威性。所以当时的中国政府并不满足于前文列举的默冬章那种简单的置闰法，一直致力于制定更为准确的历法。

中国文化圈，特别是在中国、日本，到十九至二十世纪为止都将阴阳历作为国家的历法而使用。政府在官僚机构中设置了天文或是历法的部门，他们日夜致力于历法的改良，最终制定出了基于先进的观测数据的十分精确的阴阳历。前文曾提及按照置闰法这种每 19 年设置 7 次闰月的粗略做法，无法准确地预测满月。本书后文还会论述，地球、月球都不是做等速的圆周运动，而是按照开普勒①的椭圆轨道进行不等速的椭圆运动，所以还必须将这个要素考虑在内。同时还需要准确判定作为新年伊始的冬至所在的具体年月日。当时的中国可谓用尽一切方法来提高观测的精度，所以中国的十三世纪冬至时刻的测量与以前的古希腊以及伊斯兰文化圈的天文观测（春分时刻的观测）相比，精度提高了一至两位数。

---

① 译者注：开普勒(1571—1630)，杰出的德国天文学家，他发现了行星运动的三大定律，分别是轨道定律、面积定律和周期定律。

此外,关于日食、月食的预测也都是查验历法的精度的方法。为了准确地预报日食与月食,必须准确地确定太阳与月亮的运行。而预报的准确与否也成为决定历法好坏的尺度。因此天文学家们倾尽全力做好这方面的预报。

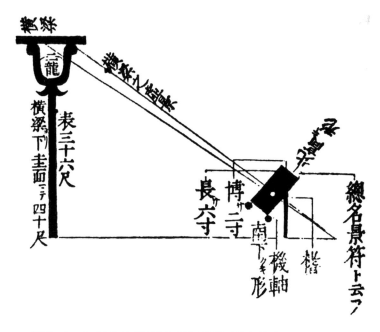

图 3 - 1　在中国 13 世纪制订授时历①时使用的高 40 尺的日晷
　　右侧的景符②是针孔状的,让日晷上方横梁的影子穿过针孔,就能正确测出太阳影子的长度。

就这样,在中国文化圈中,历法的制定促进了天文学的发达,我们将这种类型的天文学称为"历算天文学"。这种天文学不太关注行星等天体,而是一味研究太阳与月亮的运行状态。

---

　　①　译者注:授时历:公元 1281 年(元至元十八年)实施的历法名,由许衡、郭守敬等编撰。因元世祖忽必烈封赐而得名,原著及史书均称其为《授时历经》。其法以 365.2425 日为一岁,距近代观测值 365.2422 仅差 25.92 秒,精度与公历(指 1582 年《格里高利历》)相当,但比西方早采用了 300 多年。
　　②　译者注:景符:中国古代一种天文仪器附件。主体是一块有小孔的薄板,把它斜置在圭表的圭面上,可观测到清晰的太阳和表端的像,从而提高圭表测影的准确度。由元朝郭守敬发明。

在此就旧历再补充说明一下。在日本，一直使用至明治初年的旧历虽然是阴阳历，但是其重心在太阴这方面。历法的表现形式主要是月份，几月几日这种日期中出现的几日，一定会体现月亮的盈亏状态。月朔日（一号）是开始能看到新月的日子，而每月的十五日一定是满月。三号的时候，会出现三日月[1]的新月，七号的时候，会出现七日月，总之只要知道日期，就能知道月亮盈亏的状态。而阴历 7 月 15 日在满月的清辉之下，跳起盂兰盆舞这种一年中例行的节日活动，尤其是夜间举行的活动，都是由历书的日期来决定的。

不过，月亮的盈亏周期与农耕没有什么关联，老百姓的工作是按照一年的周期进行的。因此太阳历那一部分内容，虽然没有作为日期体现在外，但旧历是以二十四节气的形式与日期并列使用着的。这是把从这个冬至到下一年度的冬至的一年时间分为二十四部分，冬至之后是小寒、大寒、立春、雨水、惊蛰、春分等，由于是太阳历，所以与季节一一对应。老百姓的农耕活动都是按照这二十四节气来进行的。除此之外，还有八十八夜[2]、二百十日[3]等这种从立春开始算日期的做法也是沿用的太阳历，入梅、土用[4]也都是按照太阳历来计算的。

关于太阳历

关于阴阳历，前文已加以论述，该历法中的"日"是表示月亮的盈亏，另一方面，一年的长度则有的是 12 个月，有的是 13 个月，相当繁杂。这个"月"与季节并不严密地对应，有的年份会有一个月左右的偏差。于是就有了太阳历，它是牺牲了月亮的盈亏这一要

----

① 译者注：三日月：又叫新月、月牙。阴历每月第 3 天的月亮，亦指其前后出现的细长的、弓形的月亮，犹指阴历八月三日夜的月亮。

② 译者注：八十八夜指立春后的第八十八天，阳历 5 月 2 日前后，此时农家正忙于农活、采茶、养蚕等。

③ 译者注：二百十日指从立春算起的第 210 天，即 9 月 1 日前后，此日常刮台风。

④ 译者注：土用：按阴阳五行说，春夏秋冬四季分别配以木、火、金、水，而土则指各季节结束前的最后 18 天。也就是立春、立夏、立秋、立冬前的 18 天。

素,尽可能地与季节相符合的历书。

　　一般认为,太阳历最早是古埃及人规范农耕时间而创制的。因此一年的长度从开始就被定为 365 天。一个月是 30 日,一年有12 个月,这样一来还差 5 天,于是把这 5 天都置于年末。太阳历中一个月虽有 30 天,但是其日期并不与月亮的盈亏相对应。只不过因为一年 365 天的周期过长,为了方便,将其分为 12,于是才有了月。这个月仅仅是介于日与年之间的一个单位。这样一来,几月几日这一日期就与季节完全对应起来了。

　　太阳历在西方历史上作为正统的历法被加以继承,直至今天。公元前 45 年在儒略·恺撒的命令之下,制定了儒略历①。该历法中,一年的长度为 365.25 日,每四年设置一个闰年,也就是 366 天为一年。但是这种历法并不能准确地反映 365.2422 为一个太阳年这一现实,因此在 1582 年天主教诸国所采用的格里历,是以儒略历为基础,但每 400 年间减少三个闰年,把太阳年定为 365.2425日,并一直沿用至今。

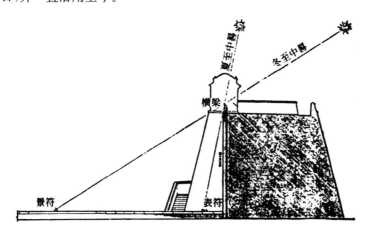

图 3-2　现存于中国的元代的天文台(高四十尺)
位于从古至今一直作为中国测量原点的河南省登封市(摘自张家泰刊于《考古》第二期的《登封观星台和元初天文观测的成就》一文)

───────────────

　　① 译者注:儒略历:由古罗马历法发展而来的太阳历之一,公元前 45 年,根据罗马统帅儒略·恺撒之令制定。在诸多历法中,使用最广泛,使用时间也最长。以1 年为 365 日,每 4 年 1 闰。与取代它的 1582 年所制定的格里历相比,唯一的不同点是 400 年间多了 3 个闰日。

我们再次比较一下在中国、日本近现代之前一直沿用的阴阳历与在西方一直使用的太阳历之间孰优孰劣吧。阴阳历尽量把历法与天体现象相关联。每月的十五日一定是满月,甚至能根据该历书预测日食、月食。从天文学方面来看,可谓是非常精密的历书。太阳历与之不同,历书上的几月几日跟月亮的盈亏毫无关联,完全没有天文学方面的意义。即便当今使用的太阳历,在天文学方面既不精准,也没有什么意义。

那么是不是可以说阴阳历远胜于太阳历呢?在某种意义上来说的确可以这么断言。那么在西方传统中,将阴阳历改为太阳历是不是一种退步?在回答这个问题之时,我们有必要确认一下何谓进步。

在西方的历法传统中,基本思想就是以贴近日常生活的历书为佳,因此一直呈现出简略化的趋势,譬如当今的格里历,就连小学生都能制作明年的历书。可以说为了追求生活上的方便,而牺牲了天文学方面的严密。因此在西方传统中,历书也即挂历,与计算天体位置的天体位置表,完全是两个系统,因为制作历书并不是天文学家的工作。也正因为如此,天文学家才能不用去制作有利于日常生活的历书,而去追求天文学术上的精密。

与之相比,中国、日本的阴阳历则是相当复杂,外行无法制作。如果考虑到开普勒运动的话,就更为复杂。因此就必须由政府的天文学者制作历书并加以颁布,让普通民众们服从并使用。换言之,天文学被用于提高政府的权威与权力。这可谓把服务于天文学者的天体历书由上而下地强行施加于民众。把历书制作得越发精密,可谓是天文学的进步,但这不能被称之为人们日常生活中的进步。

改历的故事

我们今天使用的格里历是不是世界各国都在使用呢?其实未必。格里历是 1528 年罗马教皇为了天主教国家而制定的历书。十六世纪是宗教改革的世纪,在反对天主教的新教国家,格里历并未被人们顺利接受,直到 1700 年前后,英国等信奉新教的国家才开始采用该历书。例如,名人牛顿的生日是按照以前的儒略历记录的,如果换算成现在的格里历,就必须加 11 天。另外,日本在明治六年(1873 年)下定决心改用太阳历,这其中也有为了让国民加深对明治维新之后的新政体的印象这一政治考虑。在中国,推倒了清政府之后,中华民国于 1912 年成立,并决定从当年开始使用格里历。苏维埃在革命之后不久,也就是 1918 年改为格里历;在土耳其,基马尔于 1927 年的改革中大声呼吁"女人,请拿掉面纱",第一次采用了格里历。但是在其他国家,例如,波斯也就是现在的伊朗,他们至今使用波斯历法,该历法是比现在的格里历更为合理的太阳历。

像这样,如果没有大的政治变革或是革命的话,就无法立刻改变历法这类古老的制度。而且这样的改历是决定实施近代化的政府由上而下地命令国民使用格里历的,因此都是政府官厅先使用新历,然后通过学校教育普及到民众之中去,普及起来也并非那么简单。在日本,当明治政府决意改历法为太阳历之后,文部省试图全盘废止之前的旧历,只使用新历,但现实是普通民众几乎无人使用新历,政府的做法只增加了国民生活的混乱。于是,内务省更为现实的方案得到通过,发行了同时列有新历与旧历的历书,即使是这样,民众也是只看旧历,新历还是无法普及。有一个有名的例子极为生动地说明了当时的状况。明治三十年代有一篇尾崎红叶的通俗小说《金色夜叉》,据说该小说耗时六年才连载完毕,惹得首都的女人们个个为之落泪。这其中最有名的台词,就是失恋的间贯一说的"明年的今月今夜,后年的今月今夜,我会用自己的眼泪遮蔽这月光"。当然可以把这句话归为文学上的一种修辞,但是只有按照旧历,明年的今月今夜才能出现相同的月亮。小说中是一月十七日晚说的这番话,如果按照新历,明年的一月十七日,月亮的形状会发生变化,甚至可能根本不会出现。因此,这说明至少在明治时期,社会上的百姓还沿用着旧历。在日本的有些地区,甚至在第二次世界大战爆发之前一直沿用旧历,直到二战之后,才像现在这样全民使用新历。

那么,我们使用的新历果真是那么合理而又现代化,值得改历吗?其实也并非如此。现行历法的不足之处主要有如下三点:首

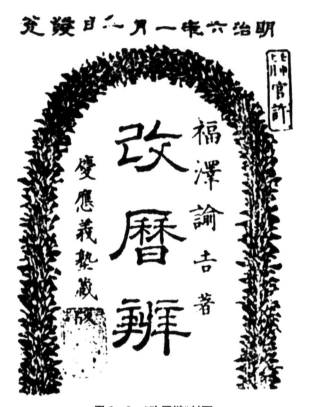

图 3-3 《改历辩》封面
明治政府为了实施改历，将旧历改为太阳历，而于明治 6
年出版的《改历辩》的封面

先，一月一日在天文学上没有任何意义，仅仅是西方历史上偶然决定的日期而已。其次，这一点或许大家都意识到了，就是二月异常得短。第三，拥有 30 日与 31 日的月份排列得相当随意，七月与八月连续两个长的月份，也不合理。而且第二、第三点也完全是由于历史的偶然而造成的，是为了把某个有政治权力的人的出生月份延长而导致当月有 31 天，可谓完全被政治势力所决定。碰巧二月份出生的人当中，没有这样的有权势者，故二月就被逐步蚕食，最终减少成了 28 日。

这些是在决定采用新历时大家都已经觉察到的不足之处，日本在明治初期进行改历之前，也有很多提案，例如有人觉得与其使用格里历这种奇怪的历书，不如制作一种同为太阳历，但更合理的历书。例如,有一个提案是把一月一日放在立春这一喜庆的日子里,因为立春是二十四节气之一,处于冬至与春分的正中间,寓意着接下来将迎来春天,也具有天文学的意义。但是明治政府完全不想采用更为合理、科学的历法,一心只想学习欧美先进国家,通过改历来加入先进国家的行列,也就是说,明治政府更注重外交方面的考量,而不是历法的科学合理性。

在采用了格里历之后,意识到其不合理之处并加以修正,制作出更为合理的历书并付诸实施的例子,在历史上至少有过两次。一次就是推翻法国的旧制度,致力于建立全新的合理的制度的法国大革命期间使用的法国共和历。当时的革命政府于1792年把所有的度量单位改为十进制以便进行合理化统一。当今科学及生活中用的单位体系叫作CGS制,C就是表示长度的Centimeter(厘米),G就是表示重量的Gram(克),S就是表示时间的Second(秒)。其中的C、G,作为国际单位制从法国传入德国、日本,如今英美也改为国际单位制了。革命政府试图把残留的S,也就是时间也改为十进制,所以制作并实施了革命历法。该历法把秋分定为一月一日,一个月有30天,一年有12个月,如此一来只有360天,剩下的5天置于年末,作为休息日。闰年的时候就是6天休息日。一个月＝30天,分为上旬、中旬、下旬,各占三分之一。一天不是24小时,而是10小时,一小时不是60分钟,而是100分钟,一分钟是100秒,可谓贯彻执行了十进制。这个法国的共和历使用了13年,1806年拿破仑当上皇帝后的第二年又恢复成了格里历。现在如果要使用历史上法国大革命时期的文献的话,就必须把上面写的法国共和历几年几月几日换算成格里历。

另一个例子就是俄罗斯革命,革命后的1918年,列宁下令把儒略历改为格里历,之后又改为比格里历更为合理的革命历法,在1929年推行了一周五日制。这并不是指一周休息两天的制度,而是把五天作为一周,也就是通过否定圣经中提出的一周七日制来抹杀宗教仪式的日期。到了1931年改为一周六日制,1940年以后,又恢复成了格里历的一周七日制。

不论是法国大革命时期,还是俄罗斯革命时期,都将历法改为自认为最合理的历法,并试图向全世界推广,但是革命运动本身都无法如愿向其他国家推广，更不用说新历法了。再加上与外国进行外交往来时，历法不同的话会产生诸多不便，最终不得不恢复为先进国家都使用的格里历。

也曾有天文学家参加了修改格里历、采用更为合理的历书的运动。第一次世界大战之后，为了防止国家与国家之间再次发生战争，学术界发动了一系列的推进国际合作的运动，在这其中，国家天文学会得以成立，并于 1922 年在罗马召开了第一次大会。当时改历问题被提了出来，具体内容就是制作一个不仅仅是基督教国家、先进国家，而是全世界都能通用的新的合理的世界历法。而且在第二年也就是 1923 年，由国际联盟中央局向全世界公开征集改历方案。在应征的各种方案之中，作为国际天文学会的结论，给出了如下三原则：首先，把冬至定为一月一日。其次，设置春夏秋冬四个季节。第三，把一周七日制作为基本单位。一年共 52 周，等于 364 天和一天（闰年是两天），多出来的日子置于年末，作为无周日，称之为"万国节庆日"。如此一来，春夏秋冬各有两个 30 天的月份和一个 31 天的月份，一共是 91 天。按照这个方法的话，每周的周几与日期是完全对应的，也就是说每个季节的第一天是周日的话，一月一日、四月一日、七月一日、十月一日都是周日，而且在将来也永远不会发生变化。这样一来，就不需要每年的年历，制作年历的商人可能就会失业了。

对于如此方便而合理的世界历法，也有反对的声音。首先，以星期作为基本周期的做法被质疑。星期与犹太教、基督教的祭祀日相关联，有着历史重要性，教徒们至今仍保留着周日在教堂做礼拜的习惯。但是在包括日本在内的东方等地以及基督教、犹太教地域之外的地区，星期根本就没有意义。在日本，自古以来，不是用星期，而是用上旬、中旬、下旬这种十进制的单位，手工业者的休息日也是以朔日、十五日等这种朔望日为单位来表示的。就算在今天，他们的聚会日期也与星期无关，比如会定于某月的 15 日，而不是第几个周六。原本旧历就是用日期来表示月亮的盈亏，将其改为以星期为基本，这其实是西方中心主义的体现，这样的反论是从非西方国家提出来的。仔细思考一下的话，七这个数字的确难以除尽，称不上合理。

另一种反论可谓是基于人类基本的本能。那就是月日与星期都完全固定并对应的话，虽然很方便，也不需要日历了，但是那样的话，人生会变得过于单调无味。例如，过年的时候，一边烤着年糕一边翻着挂历，看看今年的连休是怎么排的，如果有几个休息日相隔时间短的话，会想着其中几天请假或是翘班去旅游，这种乐趣如果被剥夺的话，会觉得很寂寥吧。

但是对于是否采用世界历法，最大的障碍来自政治方面。历书深深扎根于各民族的历史、文化、生活之中，想一朝一夕加以改变进行统一绝非易事。要想改变它，必须要有强大的类似于世界政府的机构。所以前文中的世界历法最终也只能成为纸上谈兵，未能被任何国家采用。

到了第二次世界大战结束之后，又掀起了改历的国际热潮，这一次是一批改历运动家主张在联合国机构的主导下进行改历，试图以 1950 年为界，开始采用世界历法。但是该运动在二战后不久就出现的冷战这一国际形势中悄然熄灭，终未能实现。1954 年，在联合国经济社会理事会上，由印度代表提议的采用世界历法的提案虽然得以通过，联合国秘书长也向 80 多个成员国征求了意见，但是直至今日，尚未实施。如果说现在有一个能把全世界的历法改为统一的世界历法的机构存在的话，那就是联合国了，但是目前看不出实现改历的趋势。

上文论及的历法、历书其实就是日历，是日常生活中用的历书，会注上星期、一年的庆祝活动，甚至是大安、佛灭①等日期的凶吉等。另一方面，如前所述，历书在西方分化为民众使用的日历（Calendar）与天文学家使用的天文历（Ephemerides）。只不过东方的传统里不对此进行区分，故都使用"历"字。故且在此说明一下天文历。只要准确把握天体的赤经、赤纬，就可以通过观测获得其高度与方位的角度，进而求出观测地点的纬度。这种所谓的"位置天文学"在近代变得十分兴盛。尤其是在确定航海中的船只的位置方面起了非常重要的作用，因此，需要准确记录恒星以及太阳、

① 译者注：大安、佛灭均为日本历法上的所谓六曜历法的讲法。佛灭日为除做佛事外皆为不吉利的日子，大安是万事吉利的日子。

月亮、行星位置的天体位置表，而这就是天文历。因为太阳、月亮一直在移动，所以其赤经、赤纬也在每日发生变化。这种变化也必须在天文历中加以记载。此外，日食、月食，以及星星被月亮遮挡导致的星食，还有其他如各地的日出、日落、月出、月落等详细信息都收录在内的就是天文历或者叫作天体位置表。

这种天文历的历史悠久，在法国早自 1679 年就出版了名为《Connaissancedes Temps》的天文历，并每年更新至今。还有很多国家也每年都出版天文历，如英国，自 1767 年开始出版了《Nautical Almanac》，德国从 1776 年开始出版《Berliner Astronomisches Jahrbuch》，美国自 1855 年出版了《American Ephemerides》。虽然每个国家的天文历或天体位置表各有特色，但由于有关恒星及太阳、月亮、行星的位置已经有了十分精确的计算，因此这些天文历几乎不会有不一致的现象，只要用其中任何一个，都能派上用场。所以，在日本使用外国编撰的天体位置表，也毫无不方便之感，这种情况一直延续到第二次世界大战期间。但是，在二战期间，日本遭到封锁，无法获得欧美的天体位置表，如此一来，不论是航海，还是飞机的跨海出击，都无法通过观测天体而确定位置，很是被动。虽说哪怕是能拿到一册就能解决问题，但是为了得到一册天文历可谓历尽艰辛。曾经从当时跟日本友好的轴心国德国用潜水艇运送进来，但无法保证能持续多久。所以在二战期间，天文学家们匆忙提案制作日本自己的天体位置表，并于 1943 年由水路部①发行。自那之后直到今天，日本也每年出版天文历，因为战争期间的锁国，激发日本的天文学摆脱外国的影响而走上了自力更生的独立道路，这真是一种讽刺。

天体位置表是大部头的印刷物，就像电话黄页、列车时刻表一般厚，如果是普通人使用，东京天文台每年编撰出版的理科年表就足够了。

---

① 译者注：水路部：日本隶属于海上保安厅的部局。从事航道测量、海洋学调查以及海图、航海志、天体观察历、潮汐表等的制作，为航海安全提供有关的资料。

第四章　时间的故事

白昼与黑夜的周期

比年月日这种历法单位,更小的单位是时间,一直到近现代,都是以地球的自转来决定时间的基准。也就是说,人们一直以为地球就如一个巨大的时钟,其自转是十分精确的。从某个天体通过子午线的时刻算起,一直到第二天同一个天体通过子午线的时间,这就是地球的自转时间。人们将其称作一个恒星日[1],而将其除以 24,就形成一个恒星时[2]。实际上是以春分点的时角[3]来定义恒星时。这个恒星时是天文学家使用的时刻,如今都用 T 表示恒星时,a 表示恒星的赤经,t 表示其时角,就能得出 $T=a+t$。也就是说,使用表示恒星时的钟表,从其时刻减去天体位置表上求得的该恒星的赤经,就能知道该恒星位于哪个时角。

但是,我们的日常生活中用的时间,并非基于地球自转或是恒星的周日运动。比起这些来,日出与日落、白昼与黑夜更替的周期更为重要。而决定太阳日出和日落的一个太阳日[4]的单位,是从恒星通过子午线到下一次通过子午线的时间,也就是说,与地球的自

---

① 译者注:恒星日:地球相对于春分点的自转周期。在平均太阳时中为 23 小时 56 分 4.091 秒。由于地球的公转,恒星日短于太阳日。

② 译者注:恒星时:以天球上春分点的时角所定义的时刻,由于通过时刻观测而易于得知,因而成为世界时的基础。

③ 译者注:时角:子午圈和通过某天体的时圈(赤经圈)在北天极所构成的角度。以子午线为 0 度,向西转进行测量,将 15 度作为 1 小时。

④ 译者注:太阳日:太阳连续两次上(或下)中天所经历的周期,也即一昼夜,24 小时。

转时间有着些许的差异。这是因为从天动学来说，在地球自转一次的期间，太阳会在天空中的恒星之间每天挪动一度。太阳在恒星中会一年一次地逆向转动，所以恒星在太阳年①期间转 366.2422 次，太阳会少转一次，即 365.2422。其关系用恒星时与太阳时②来表示的话，即一个恒星日用太阳时来表示就是 23 小时 56 分 4 秒 091，比太阳时要短。

正如用春分点的时角来表示恒星时一般，太阳时也用太阳的时角来表示。但是太阳并非做匀速的圆周运动，而是呈开普勒椭圆运动，是不等速运动，如此一来，一年中季节不同，一个太阳日的数值也有所不同。直接测太阳的时角得出的时间叫作真太阳时，但正如刚才所述，真太阳时根据时期的不同，会有或早或晚的偏差，跟我们的钟表并不完全吻合。于是就把一整年的太阳的运转取平均数，该平均数即平太阳时。真太阳时与平太阳时之间的偏差因为季节会发生变动，最大偏差达到 16 至 17 分钟。也就是说那种情况下，真太阳时也即太阳通过子午线的时刻与平太阳时之间差 16 至 17 分钟。

不论是真太阳时还是平太阳时，都是各人在自己所处的土地上观测太阳所得的时刻，因此严密地说，自己家与邻居家的时刻就会不同，东京和神户之间的话，大约会有将近 20 分钟的差异。在人类主要靠步行或是骑马出行的时代，这个时差可以忽略不计。比如说沿东海道五十三站③，从江户日本桥出发，步行一天到达横滨或是神奈川的旅店，这期间的时差也不足 1 分钟。但是，自十九世纪中叶之后，火车得到快速发展，从东京坐上开往神户的火车，如果发车时的钟表与到达时的钟表之间有 20 分钟的时差的话，那就会引发很大的麻烦。而且会令制定火车运行表、时刻表的工作陷入一片混乱。因此在某个地域、某个经度范围内，统一时刻会更

① 译者注：太阳年：将太阳从春分点运行回到春分点所需的时间定为 1 年。1 太阳年约等于 365.2422 天。

② 译者注：太阳时：以太阳日为标准计算的时间，分为真太阳时及平太阳时等种类。

③ 译者注：东海道五十三站：江户时代，设在东起江户日本桥西至京都三条大桥的东海道沿线上的 53 处驿站。

方便。如果日本全国不使用统一时刻的话,想必会带来各种不便。于是,在日本就会规定日本的标准时间。日本现在通用的标准时间是处于东经135度的明石地区的平太阳时。

如上文所述,人们为了生活的方便而设定了人工的时刻,其时刻与基于太阳运转的天文的时刻有着很大的差异。因此,比如在东京的人士听到广播报时为标准时间的正午时分之时,抬头看太阳,会发现太阳偏离上中天30分左右,这类的情况十分普遍。

子午线作为经度0度的原点,人们将子午线上的英国的格林尼治天文台的标准时间定为世界时。世界时从1880年开始使用,被天文学家广泛用于对天体的观测及计算。

在十九世纪靠火车出行的时代,各地区人们都设定了符合当地的标准时。每个地区的人们使用的相应的时刻,一方面重视了对当地的生活产生影响的日出、日落以及昼夜情况,同时又兼顾了一定区域内的统一。但是,如今已进入了飞机而且是超音速运输机的时代,飞机在不同标准时的地区穿梭。在使用轮船、火车出行的时代,人们一天最多跨越时差为一个小时的地域,但现在乘坐飞机,一天之间可以飞至地球上任何地方,因此必须时不时地调整钟表。基于这一点,曾有人提议,放弃各地方标准时,切换为天文学家使用的世界时更为合适。尤其是像美国那种幅员辽阔的国家,在东部与西部之间、本土与夏威夷之间相差有三四个小时,即便乘坐国内航班的飞机旅行,也经常会导致时间上的混乱。因此有人说,人们没有必要拘泥于必须依靠日出、日落的周期,靠太阳光的生活方式,可以转换为使用与飞机时代相符合的世界统一的时刻。但是近十几年来,人类应该回归自然,更多地利用太阳能的呼声日益高涨,所以用人工的世界时来统一全球时间的声音就越来越微弱。

钟表的故事

在天文学发展史上,望远镜这一工具的导入引发了革命性的变化,天文学研究借此开辟了全新的天地。这一点是大家普遍认可的。但在望远镜取得的耀眼成果背面,还有一个工具的发展也不可忽视,它虽然不起眼,但我们不可忘记它在天文学史上所起的不亚于望远镜的远大意义。这个工具就是钟表。

古代并无当今的钟表,那时的计时工具一个是日晷,另一个就是漏壶①。日晷就是竖起木棒,根据阳光下木棍的影子的方向确定时刻,而漏壶就是让水从漏斗的底部一点点地滴落,通过其数量决定时间。此外还有沙漏这种通过落下的沙子的量来计算时间的计时工具,其原理与漏壶相同。

在此必须提醒的一点是,必须区分时刻与时间这两个概念。日晷是决定几点几分这一绝对的时刻,也就是决定时间的刻度。与之相对,漏壶是决定时间,也就是两个时间点之间的间隔的。例如,工薪阶层从上午 9 点到下午 5 点之间上班,他的工作时间是受时刻的约束,与之相对,学生打每小时一千日元的零工时,是以时间为单位,也就是说学生是用自己空余时间来工作的。

确定时刻、时间计算方法的制度叫作计时法,但是在古时候,由于时刻不完全确定,时间也无法准确计算,所以用的是不确定的计时法。如今我们都是把半夜十二点作为一天的起始,但是在计算时间的工具并不准确的时代,无法轻松获得半夜十二点这个时刻。即便使用蜡烛或是漏壶来计算,精度也不佳。所以那时人们就使用与生活相关的日出的时刻作为一天的开始,并以日落作为一天的终止。在夜间照明手段贫乏的古代,一天的活动就是指日出到日落期间,太阳的起落周期比今天具有更为重要的意义。因此,把日出作为一天的开始可谓理所当然。但若不是生活在赤道垂直下方的地区的话,日出、日落的时间会随着季节发生很大变化。因此便将根据太阳升降的计时法称为不定时计时法。

不定时的计时法在欧洲一直沿用至 14 世纪,在日本则一直沿用至江户时代②结束。在江户时代,一般庶民使用的计时法是把日出作为六时,把日落也视为六时。黄昏六时的钟声响起就意味着日落时刻。那时将日出至日落之间的时间进行六等分。各个时刻的称呼方式有些奇特,从日出算起,分别是六时、五时、四时,然后

① 译者注:漏壶:也叫漏刻,古代利用滴水、沙多少来计量时间的一种仪器。
② 译者注:江户时代:是德川幕府统治日本的年代,由 1603 年创立到 1867 年的大政奉还,江户时代是日本封建统治的最后一个时代。

到了正午就是九时,然后是八时、七时、六时,在黄昏的六时日落。随着时间的流逝,时刻的数字逐步变小。

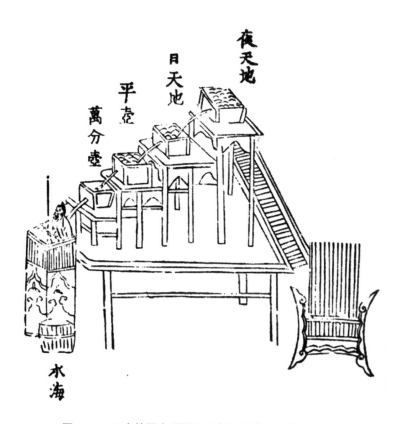

图4-1　日本的漏壶(漏刻)(刊于《初学天文指南》一书)

对于古时候的日本为什么会对每个时刻采取如此的称呼,人们无从知晓。有一种说法是用九的倍数来表示时间,正午是一乘九得九,第二个时辰是二乘九得十八,略去十,称为八时,第三个时辰是三乘九得二十七,略去二十,得到七。自古以来,在中国文化圈内,城镇的正中间都有钟楼与鼓楼,会通过钟或鼓向市民报时。我个人推测,把一个时辰(大约为两小时)进一步细分为 4 部分(每部分约 30 分钟),然后用鼓敲 3、2、1 这样来报时,为了避免混淆,所以敲钟表示时辰的时刻就只用到数字 4(不用小于 4 的数字)。当然这纯属我个人的推测,并无根据。

前文也提及,太阳升降之间的时间随着季节会发生变化。夏长冬短。在江户时代,有着模仿沙勿略①带来的机械表的日式钟表,并在上层阶级之间相当普遍。这种钟表不是按照不定时的计时法,而是按照确定的计时法来计时的,所以当时有钟表的人还必须根据季节,按照不定时的计时法进行调整。现在如果去东京上野的国立科学博物馆,能看到收集的很多日式钟表,那上面还带有根据季节进行修正的装置。附加上这样装置的钟表,当然会更为复杂,我们不应该从负面对其进行评价,认为江户时代没有准确的计时的钟表,所以只能采取不定时的计时法。反而应该给予其正面评价,可以说那时的日本人不是让他们的生活迎合采用计时法的单调的机械表,而是让机械为他们基于自然的生活而服务。

江户时代的人们就是根据这种计时法生活的,同时有一小部分天文学家,他们把一天进行一百等分,用百刻法这一计时法来观测天文现象。当然,其数量只是微乎其微的,最多十几、二十个人而已,其余的人,上至大名,下至庶民都使用不定时的计时法。不定时的计时法不够准确,当今人们经常跟人约着几点几分会面,这在当时是无法做到的。但由此也可以看出当时人们的生活是多么悠闲,跟日出、日落这种自然的韵律紧密结合,从这一点来看,不由得令现代人羡慕。至少不会出现夜间工作或是读书。

在中国、日本,古时候测量时间的工具主要是漏壶,也就是漏刻。天智天皇的漏刻就是一个广为人知的例子。据《日本书纪》记载,在天智天皇十年,也就是西历的 671 年,"置漏刻于新台,始打候时,动钟鼓,始用漏刻"。把该活动的日子换算成现行的日历,就是 6 月 10 日,大家都知道日本现在把这一天作为"时刻纪念日"。

---

① 译者注:沙勿略(1506—1552),耶稣会传教士,生于西班牙,1549 年到鹿儿岛,首次在日本传布基督教,奠定传教基础。

另一方面,在西方,人们使用日晷而不是漏刻,具体理由不详。去欧洲旅行,经常会看到教堂的墙壁上支出一个棍子,墙上刻有日晷的文字盘。这种日晷自中世纪后期以后,开始普及至各地。日晷其实是测量时刻,而且是真太阳时的一种工具。因此,欧洲从十四世纪开始使用真太阳时。日晷虽是测量真太阳时的工具,但其测量精度是有一定界限的。尽量把影子拉长,比起一米的日晷,十米的日晷能提高一个位数的精度,所以在印度,十八世纪就曾经建造过高达数十米的日晷。但是自文艺复兴以后随着机械钟表的发达,日晷也迎来了逐步没落的命运。

机械钟表计算的不是时刻,而是时间,其精度不断提高,人们甚至能制造出用于日常生活一两年也无须调整的运行准确的钟表。于是,人们便不再使用日晷测得的真太阳时,而使用平均太阳时了。在十九世纪初,欧洲开始使用平均太阳时来进行日常生活的计时,一直沿用至今。

至此,我们的论述都是以日常生活为中心,接下来将按历史顺序论述钟表在天文学观测中起的重要作用。

在钟表的精度还不够高的时候,它是无法与天文观测发生直接关联的。正如前文所述,地球上的纬度、天体的赤纬是可以通过天文观测进行确定的,但是经度以及赤经却是没有钟表,也就是不确定观测时刻的话,就无法得到的。这一点在航海的时候尤为突出。若想知道船只在大洋上的位置,就必须通过天体观测算出经度来,这时就必须借助钟表。如果是在地面行走,人们可以通过步行进行步测,或是使用三角测量法进行测量,但是在大海上没有实物做目标,很可能导致一旦出海就失去方向的情形。这不仅令人不安,更无法确定航海的方向。

在欧洲,从十四、十五世纪开始,进入了"地理大发现时代"或者称之为"大航海时代",勇士们纷纷凭借船只出海遨游,但是对于航行在大洋中的船只所必需的定位技术却毫无进展。当时没有钟表,人们仅凭着纬度进行航海,例如在横穿太平洋的时候,如果事先知道目的地的纬度的话,就沿南或向北直行,到达同一纬度的地点,航海过程中再依靠指南针或是北极星,保持同一纬度一直向东,只要一直往前,最终总能到达目的地,但对于需要花费多长时间则毫无头绪。为此,号称要掌控七大海域的大英帝国的海军为了激励钟表技术的提高,出重金悬赏能发明出用于确定海上经度的高精度手表的工匠。在这种时代的需求下,终于在十八世纪后半叶的 1761 年出现了哈里森[①]的精密计时器,从此大海的航行变得容易很多。像这样把天文学应用于船舶定位的学问,被称为航海天文学。

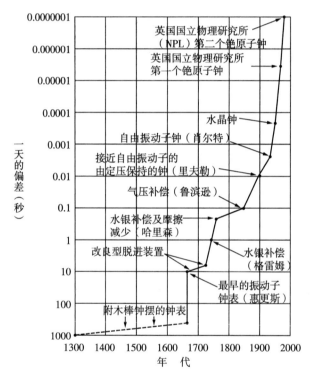

图 4-2　钟表精度的发展年代表(摘自科林·威尔逊编著、竹内均翻译的《时间的发现》一书)

哈里森制作的精密计时器可谓日常使用的钟表中精度非常高的一种。其精度大约是一天差 0.1 秒。需要特别说明的是,这里所

---

① 译者注:约翰·哈里森(1693—1776),自学成才的英国钟表匠,他发明了航海精密计时器,它是人们长期寻求而且急需解决的精确定位海上船舶的东西位置,也就是经度这一问题的关键一环。它使大航海时代发生革命性的巨变,使安全的长距离海上航行成为可能。

说的精度,不是指一天慢几分钟或是快几秒钟。钟表每天的快慢叫作"走时误差",如果准确知道这种误差值,就可以进行简单的调试加以修正。因为"走时误差"每天快或是慢多少是确定的,只需要计算出具体数值,调整一下就可。但说到钟表的精度问题,则是不确定一天慢多少或是快多少,是一种不确定因素。

振动子钟表技术更为进步,在空气密闭的前提下,再加上等温等湿,也就是说在防止气压、温度变化带来影响的基础上,让振动子在电磁铁产生的电力冲击下发生振动,制作出了精度很高的钟表。在二战前,决定全日本时辰的是东京天文台的钟,该钟是一种名为里夫勒的德国制造的振动子钟表,其精度比哈里森计时器又高出一个位数来,一天只差 0.01 至 0.005 秒。

把精度又提高一个位数的是水晶钟表。近年来,水晶钟表已经取代振动子钟表,一年的误差为 10 秒或 20 秒,其精度之高超出了普通人的使用需求。水晶钟表于二战前就被使用在天文学研究领域。其原理是利用真空管对水晶的结晶体内规则的电气振动进行增幅,这种做法的优点在于不像振动子钟表那样容易受重力或是磁力等的影响。现在甚至出现了精度更高,误差为一天千分之一秒至万分之一秒的钟表。千分之一秒也叫 1 ms,其精度达到 1 ms 至 0.1 ms。

这种水晶钟表使用一年以上的话,也会出现误差,因此后来又出现了利用铯原子的振动频率的原子钟。理论上说,其精度达到一天一亿分之一秒,实际上可看做十万分之一秒,也就是 0.01 ms。

钟表的精度提高如此之多,就导致一个关乎时间定义的革命性问题的产生。一直以来,我们在定义时间时,其前提是地球的自转是匀速且准确的。我们把地球的自转看作是无比准确的钟表,以其为基准来测量时间。这种利用天体的运转来定义的时间叫作天文时间。尽管依靠人力我们制造出了像原子钟那样准确的钟表,但它和地球的自转形成的天文时间多少也存在偏差。在人们还处于使用水晶钟的时候,就有人注意到了这一点,并引发了争论,争论的焦点就是其偏差到底是由水晶钟引起的,还是由于地球的自转并非一成不变而引起的。因为水晶钟的误差正好与地球自转产生的偏差一致。而精度比水晶钟又高了一位数以上的原子钟的出现,就使地球自转的不规则这一事实越发凸现出来。因此,天文学家们舍弃了一直沿用的天文时间,开始使用人工修正之后的历书时①(Ephemeris time＝ET)。尤其是在天体力学的研究中,一般认为这种历书时更为严密。

---

① 译者注:历书时:根据天体力学理论确定的时间计量体系,1967 年将秒的定义从历书秒改为原子秒。

第五章 宇宙论的历史

宇宙构造论

对于宇宙呈现何种形状等的论述属于宇宙论或者说是宇宙形态论、宇宙构造论的领域。用英语表述就是 cosmology。另一方面，论述宇宙是怎么形成、如何变化的这种通过时间的坐标来讨论宇宙变化的课题，则属于宇宙进化论或是宇宙生成论，用英语说就是 cosmogony。科学地论述宇宙进化论可不是易事，因为没有任何人曾经经历过宇宙的形成，由于是一个规模特别庞大的事情，我们无法通过自己有生之年所看到的宇宙变化来通览宇宙的全部历史。但是，关于宇宙呈现出何种状态，却是人们可以通过观测来把握的。因此当今的科学宇宙论是按如下顺序进行探索的，首先论述宇宙的现状及其构造、形态，在此基础上论述宇宙的生成、进化。

不过，在原始社会及古代，由于还无法从科学视角论述宇宙，那时的宇宙论的顺序是逆向的，先有宇宙生成论，然后再出现宇宙构造论，这一点在各种神话传说中都可见一斑。在原始人以及古代人的传说中，关于宇宙的记述并不多。例如古希腊荷马[①]的《伊利亚特》、《奥德赛》中完全没有关于天体的记述，日本的《古事记》、《日本书纪》在受到中国影响之前，也都没有关乎天文现象的描述。或许对于原始人、古代人而言，他们还处于全力获取食物以求生存的状态，根本无暇对宇宙展开思辨活动吧。但是在荷马史诗中，有着对动物的行动以及药草等的记述，对于古代的人们而言，比起天

---

① 译者注：荷马：古希腊诗人，生活在公元前 8 世纪左右，被认为是史诗《伊利亚特》《奥德赛》的作者，生卒年不详。

体,更贴近他们生活的身边的人或动植物才是他们所关注的对象。而且人或是家畜的生生灭灭,也就是生物的生长才是他们最为关注的问题。这种对生物生长的关注投影到天体上,就会变成关注天体是从哪里、如何出现以及怎么成长的,也就产生了关于宇宙进化论的传说。就古希腊而言,在比荷马稍后出现的、公元前 7 世纪左右的赫西奥德的作品中,能看到宇宙进化论的萌芽。

对于宇宙是由什么构成的问题,很多地方都流传着卵生的传说。这种观点认为正如鸟是从鸟蛋里孵出来一般,宇宙也是从蛋里生出来的。

在各地的传说中,还有一个有名的讲法就是以天为父,以地为母。从天降下雨水,就好比精液注入了土地,由此诞生了动植物、人。但是这种传说并不是以非常具体的形式被记述下来的,人们一般根据埃及国王的坟墓或是棺椁上刻画的文字或是图形,再构造出古代人的思考内容。

中国有着阴阳思想,或者说是天地人的思想。根据该思想,天是男性,代表阳;地是女性,代表阴;天地交汇,也就是阴阳相交,就会诞生人。阴阳之说显得十分抽象,其实就是通过生物的诞生类推出宇宙的生成。

这种神话传说几乎在各处都有,比如日本《古事记》中的建国故事、《圣经》的创世纪,都论述了宇宙是如何生成的相关问题。

古代传说中也有很多记述是关于宇宙论及宇宙形态论的,其特征表现为与地域联系紧密。在交通手段并不发达的古代,人们的生活空间比当今要小很多,例如出生在一个山沟中的人可能至死都没有走出过山沟。如此一来,他所在的山谷就是他的全宇宙。又例如,在古埃及的宇宙观中,有一种观点认为宇宙是东西两侧被高山所围绕,中央有洼地,呈南北狭长状,这不就是住在尼罗河谷底的人们把其生活空间看作是整个宇宙了吗?如果生活在像日本这样的以山地为主的国家的话,或许会把凹凸不平的大地看作是宇宙的中心。这样的宇宙观、世界观,受到了其出生地的强烈制约,被称之为地域性宇宙观。

地域性宇宙观的一个典型例子就是印度的苏美尔①宇宙观。

---

① 译者注:苏美尔:美索不达米亚的古称,公元前 3000 年左右形成人类最早的城市文明,是世界最古老文明的发祥地。

该宇宙观认为地球的中心有着高山,日、月及诸行星都围绕该山运转,山的南侧是一片陆地,再往外是大海。这座高山肯定是指喜马拉雅山,日月都从喜马拉雅山上升起或降落,这些都反映了印度的局部地区的条件。顺便补充一句,这种宇宙观经由中国,传到了日本,在佛学家之间叫作须弥山宇宙。当哥白尼的日心说进入日本的时候,一部分的佛学家就以须弥山宇宙论为盾牌,反对导入西方的近代宇宙观。

图 5 - 1 须弥山宇宙图

摘自井口常范所著《天文图解》(1971 年刊行)

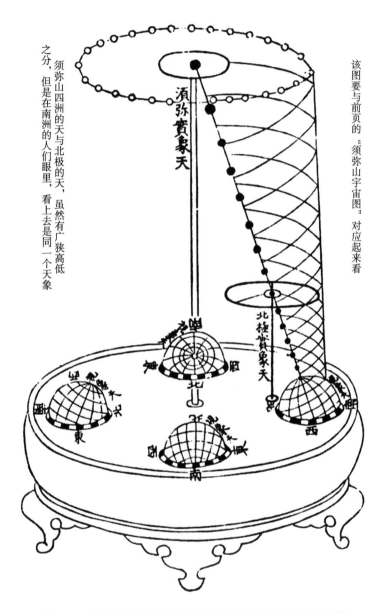

该图要与前页的“须弥山宇宙图”对应起来看

须弥山四洲的天与北极的天，虽然有广狭高低之分，但是在南洲的人们眼里，看上去是同一个天象

图5-2 引自佐田介石所著《视实等象仪详说》(1880年刊发)

该模型试图用须弥山说，而不是日心说来说明眼睛所看到的现象。根据该图，人们制作了类似钟表机制的视实等象仪。

有必要在上述传承自神话的宇宙观与今天的科学宇宙观之间划出清晰的界线。所谓的科学性就是指通过观测形成的宇宙观,包含科学机能,而且有着超越局部地区制约的普遍性,也即适用于大洋的任意部分。只有兼备这两点,才能被称为是科学的宇宙观。

而上述宇宙观又可分为两种形式,一种是研究宇宙呈现出什么形态的宇宙形态论,另一种则难以用一个词语来概括,姑且称之为宇宙物理论吧,也就是研究宇宙通过何种方式,对于天体的运行、四季的变化以及人的生死发生作用。由于前者通过肉眼观测就可以把握,所以较早展开。后者虽然在古代就有论述,例如西方有神灵转动宇宙,中国有阴阳之气笼罩宇宙形成万物的论述,但是关于宇宙的科学性、普遍性的论述还是要等到近代以来,在力学及物理学发展之后才出现。总体而言,形态论与物理论还是关联发展的。在此我们按照历史发展顺序,先从形态论说起。

形态论经历了三个阶段,即(1)地平天平说;(2)地平天球说;(3)地球天球说。

(1)地平天平说

对于那些住在平原,而不是像日本这样的山地之国的人们来说,从感觉上看,大地是平的。因此他们认为天空也跟地面平行,是平铺开来的,于是就有了地平天平说。现存的最典型的例子就是中国的盖天说①,在被认为是公元前二、三世纪写成的名为《周髀算经》的古典著作中有详细内容。据其记载,那时观测天体的器具是日晷指针,也就是八尺的棒。根据这根棒在太阳照射下形成的影子,来测量天球的运转。那时假定天与地之间的距离为八万里,影子的长度相差一寸的话,从南北向测量这之间的距离,就会相差千里,所以就有着一寸千里的假说。除此之外,还将天与地对应起来,形成了基于这两个平面的宇宙观。具体可以参考图5-3。

---

① 译者注:盖天说:殷、周时代提出的中国最早的宇宙构造学说。认为如同一顶圆斗笠形状的天,张盖住四方形的地(天圆地方)。

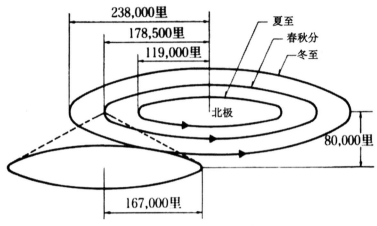

图 5 - 3 盖天说的宇宙像

天上的圆是以北极为中心，从小到大，依次为夏至、春秋分、冬至时候的太阳的自转轨道。倾斜的斗笠状图形表达了在轨道上运转的太阳所照射的地面范围。

（2）地平天球说

在盖天说中，棒是唯一的观测手段，当出现了测量角度的仪器后，人们就不再以长度而是用角度来测量天空。该观点的前提就是假定天空是球状的，而大地则依旧被认为是平的，用长度来进行测量。中国人把这两者进行了组合，提出了地平天球说。人们称其为浑天说。这个浑天说自汉代以后一直沿用，同时也传到日本，影响至江户时代。人们觉得很不可思议，为何在中国和日本没有出现地球这个观点。总之，一直到十七世纪左右在从西方传入地球说之前，中国人和日本人都持有大地是平坦的这一宇宙观。

在中国，自古以来，就把今天的洛阳附近称作"地中"，作为测量原点。人们认为那里是向四周扩散的大地的中心，也就是世界的中心。但是在地球说中，就无法设定某个地点为世界的中心，如果硬要说的话，应该是地球的正中心吧。或许就是因为有中华思想，所以地球说才难以在中国产生吧。

（3）地球天球说

认为大地是个球体的观点，在前文论述的具有神话色彩的蛋形模型中也可看到。早先的人们推论，蛋外侧如蛋壳般的是天空，地球就是里面的蛋黄。但这个观点（以下简称地球说）直到由希腊的自然哲学家们加以科学讨论后才被确定，也有人将归功于毕达哥拉斯个人。无论如何，可以断言在公元前四、五世纪地球说得以确立。在沿南北方向航海的时候，会发现太阳及其他天体的高度会发生变化，如果不相信地球说的话，就无法解释该现象。而且，一般人也很容易就会发现远处的船舶会消失在水平线的远方。最具决定性的证据就是，月食的时候，被太阳光投射在月球表面的地球的影子是圆形的。当然前提是必须知道如下知识：所谓月食就是当太阳、地球、月球并列的时候，由太阳光把地球的影子投射在月球上而形成的。

就这样，在古希腊形成了基于天地二球的宇宙观。其后，西方科学宇宙观进一步得到发展，形成了在这两球之间还有行星、太阳、月球的运转空间的多层宇宙观。有关这一点我们将在后文论述，总之，地球与天球这二球宇宙观，让人们只要有了地球仪、天球仪，就能弄清地面的场所与天体的位置，十分方便。再加上该观点与我们的视觉认识十分贴近，因此虽然后来出现了地动说①，但是这二球宇宙观一直到近代、现代都发挥着很大的作用。

从天动说到地动说——太阳系宇宙论的发展

当今的学生都相信天动说是错误的，而地动说是正确的。为什么会相信这个观点呢？是因为学校就是这么教的。在今天，如果还有人说天动说是正确的，估计会被认为是一个怪人吧。但是如果相信人的感觉，依据观测下结论的话，的确会觉得天空在转这个说法更自然一些。所以古代的人们，不论东方还是西方，都深信是天空在转动。与之相对，认为是地球在转动的观点，不是通过眼睛观察或是仪器观测来确认的，而是在头脑中思考形成的。从依靠眼睛观察转变为用脑子思考，这可谓学问的发展，它是科学取得各种发展所必经的道路。

在论述这个发展之前，先提及一下相关的词语概念及用法以

---

① 译者注：地动说：又叫日心说。认为地球并非是宇宙的不动的中心，只不过是围绕太阳公转的一颗行星的学说，由哥白尼提出。

免引起读者混淆。天动说、地动说这类说法在西方并不存在,一般用英语来表达的时候,天动说被说成地心说,地动说被称作日心说。也就是说,天动说、地动说这两个日语词汇是着重于动或者不动这种力学上的意义,而与之相对,地心说、日心说这种欧洲的语言表述是着重于表述地球、太阳位置的几何学的表达。也就是说,在西方,占主流的宇宙形态论是宇宙中的星球与人类的位置关系,具体如地球、太阳在宇宙中处于什么位置,而人类又处于何等位置等。

与之相对,中国人、日本人则是持自然哲学的观点,他们称之为天动地静之理,也就是说更关注宇宙中什么在变化,是怎么生成,又是如何消亡的,他们更关注物理学、力学方面的因素,认为关注宇宙的外形等的形态论是肤浅而流于表面的。创造出地动说这一词语的人是江户时代的日本人志筑忠雄。是他首次将牛顿力学介绍到东方,他认为,比起地球、太阳在宇宙中的位置关系,动静之理是更为基本的宇宙法则。天在动还是地在动才是最应该关心的事情,而无须那么关注位置关系。所以他创造出了地动说这个词语。

但是如果深入思考的话,就会发现地动说在宇宙论中不能算是严密的表述。因为人们很容易就能意识到,所谓的地动说,其实包含着地球的自转与公转。也就是说,一方面是地球自转导致天体仿佛在天空每日周转一次,另一方面地球绕着太阳一年公转一度,地动说的讲法将这两种现象混合在一起。在西方的宇宙论发展过程中,也曾出现过承认地球自转、但不承认公转的观点。这就导致不知该说是地动说,还是该说是天动说。为了避免这种混乱,本书尽量不使用天动说、地动说这类表述,希望各位读者在读后文时先了解这一点。

(4)多层宇宙观

如上文所述,天动说一词概念不够清晰。天际有两种运动。一个是反映地球自转的天体的周日运动,还有一个是反映地球等诸行星围绕太阳公转的日、月、诸行星的运动。对于这两种运动,有两套解释方法。

如果采用更忠实于肉眼所观测到的天体运动,将其加以一元论考察的话,可以认为恒星一天在天际转一周,日、月、诸行星与之相比以稍慢的速度绕天际转动。例如,依照土星、木星、火星的顺序运转速度依次减慢,太阳比恒星一天慢一度,而月球则一天慢十三度。按照这个观点,不论是恒星还是行星,都是按照同一方向运转,只是运转速度不同而已,这样就可以进行一元论的说明。从今天的地动说来看,可谓是将地球的自转与公转这两个要素归为一元了。

与之相对,还有一种二元论性的观点,认为布满了恒星的天球反映了地球的自转,一天进行一次周日运动,但是日、月、诸行星在这个天球上向与恒星相反的方向运转。例如太阳就是一年逆向运转一次。这种解释把地球的自转与公转进行区分表现,可谓是二元式解释。

围绕着这两者观点展开了不少论争,在中国、日本,哲学家也就是儒学家们持一元式解释,而天文学家持二元式解释。从宇宙论、物理学来看,一元论更浅显易懂,但是从天文、行星轨道论所使用的数学运算来看,二元论更方便说明与计算。而且更严密地说,两种转动是有区别的,恒星是以北极为中心运转,而太阳系是以黄道极为中心进行运转。哲学家们认为基于数学计算方便的二元论解释与宇宙的实际情况并不相符,对此加以排斥。

西方的天文学源自古希腊,在行星轨道论方面取得了大的发展,而二元论从最初就占了优势。为了说明宇宙观,罗马的维特鲁威①以及同时代的中国的书籍中,都使用了相同的比喻,即石臼在转动的同时,石臼上的蚂蚁向反方向行走,在这个比喻中,石臼转动其实比喻了天球的转动,蚂蚁在其上面的移动比喻了日、月、诸行星向反方向的逆行现象。

以下将以二元论为前提,论述西方宇宙论的发展。在天球上运转的日、月及五个行星,它们如果在天球的同一水平面上运转的话,有可能会在运转时互相碰撞。为了各个天体之间不会碰撞,能

---

① 译者注:维特鲁威(Marcus Vitruvius Pollio,约公元前 80 年或前 70—约公元前 25 年),古罗马的作家、建筑师和工程师,他的创作时期在公元前 1 世纪,写有《建筑十书》,这是一部用拉丁文写的关于建筑的论著,是目前西方古代唯一的一部建筑著作。

永远顺畅运转，人们认为各个天体之间的距离必须不同。但是天体之间的距离非常难以测量，即便是今天，为了测量银河系外星云的距离，甚至是测量宇宙的大小，也必须设定若干假定，否则无法保证准确地测量，更别提古代，那时几乎是没有像样的测量手段。

即便如此，仔细观察天球的话，还是能看出天体之间距离的远近。例如在发生日食现象的时候，月亮运转到太阳面前，挡住了太阳光，所以可以判断月亮比太阳距离地球更近。另外，一般而言，在近处转动的东西会显得速度更快。在人的视觉中，速度是以角速度①的形式体现的。例如，在远处走动的人比在近处走动的人，会显得角速度更小，如果假定每个人都是用同样的速度在走路的话，当然会觉得角速度快的人离自己更近。太阳的角速度是一天一度，而月亮的角速度是一天十三度，所以说假定月亮和太阳是以相同的速度前行的话，月亮就比太阳离我们近得多，处于太阳和我们之间的距离的十三分之一的地方。

把这点推广至其他行星的话，就会构成如下的结构：角速度为零的恒星位于最外侧，按角速度由慢及快的顺序，依次是土星、木星、火星，月亮绕着最里侧的天体公转。但是对于介乎这之间的太阳与金星、水星这两个内行星②，它们的运行就并非适用刚才的规则。因为金星、水星都是围绕着太阳旋转，如果平均算的话，这三者是以相同速度绕天球进行旋转。因此关于这三者的距离远近展开了各种讨论。有人认为太阳那么明亮耀眼，一定离地球很近，例如柏拉图根据明亮度，认为距离地球从近到远应该为太阳、金星、水星。如果把这与刚才提及的诸行星进行汇合的话，就会按照距离地球从近到远排列为月亮、太阳、金星、水星、火星、木星、土星、恒星这样的顺序。这就是像洋葱皮一般层层叠加的多层宇宙。

对于太阳与诸行星的相对位置，在柏拉图之后的人们认为既然太阳是全宇宙的支配者，就必须位于宇宙的中央，所以认为太阳位于月亮、三个内行星与三个外行星之间。于是把柏拉图宇宙观中的水星与太阳的位置对换了一下，就变成了月亮、水星、金星、太

---

① 译者注：角速度：表示物体旋转的量，用单位时间内转过的角度表示。
② 译者注：内行星：太阳系中，运行轨道比地球更靠近太阳的行星，指水星和金星。

阳、火星……这样的顺序。这种主张在之后的中世纪到近代为止一直广受支持。

关于行星运转的球面的层序得以确定后,人们开始继续说明行星的运转问题。该问题并不简单。太阳、月亮相对简单,做的是圆周运动,但行星有时会发生逆行现象,或者按照8字形的轨道运转。为了说明这种现象,柏拉图的弟子、公元前四世纪的欧多克索斯[①]想出了类似于香荷包那样的模型(参见图5-4)。首先是恒星的运动,该运动比较简单,把扎香荷包的丝线系在北极,以连接北极与南极的线为轴心,一年运转一圈。接下来是太阳与月亮,在刚才列举的绕恒星转的天体中,太阳是以偏离北极23度半的地方为中轴线,绕着该轴运转。另外如图5-5所示,为了说明土星的运转,在其上面加上一个或两个天体,只要改变各自的运转速度与运转轴的位置的话,就能表现各种运动,最终能够表示任何运动。

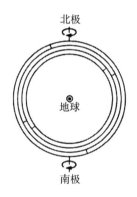

图5-4 欧多克索斯的同心宇宙观

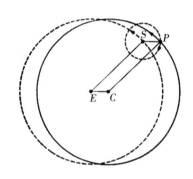

图5-5 周转圆与偏心圆
在以地球 E 为中心的大圆上进行运转的周转圆上的天体 P,同时也在以 C 为中心的偏心圆上进行运动。

当然这并非无原则地将球体进行累加。恒星是位于最外侧的一个球体,太阳、月亮绕着偏离连接南北极的轴线的黄道极或是白道极进行运转,当球体增加到两个,并有诸行星的场合,为了说明

---

① 译者注:欧多克索斯(约公元前400—约公元前347年),为古希腊数学家、天文学家。在数学上完成了一般比例理论,发现了逐次逼近法。在天文学上主张以地球为中心的同心天球说。

逆行现象,必须增加另一个球体。像这样,为了能说明天体运行的全部情况,欧多克索斯一共用了 27 个球。之后,卡里波斯把球增加到了 34 个,制作出更为精细复杂的模型。

虽然欧多克索斯、卡里波斯提出了相当复杂的体系,但人们认为这只不过是为了说明天体运行而制作的数学模型而已,当时的人们似乎并不认为有这么多球体在宇宙中运转。后来到了亚里士多德的时候,才构筑起了天空中实际上有很多球体重叠这一宇宙观。这样一来,那些"香荷包"就变得多层重叠起了。首先外侧有一个恒星,其次,为了表现土星的自转,需要 4 个球,而为了表现其内侧的木星,也就是说为了表现土星轨道需要 3 个球,最终还要加上土星自身的 4 个球。因此就制造出了宇宙整体的模型,该模型使用了多达 56 个的一连串的球,能够一次性说明宇宙整体情况。真要制作这个模型将是一个巨大的工程。

(5)周转圆①宇宙论

在欧多克索斯的同心宇宙论中,行星是从距离地球大概球体半径长的地方一直做等距离运转。但实际上行星表面有时是明亮的,有时是黑暗的。于是就出现了另外一种解释模型,是一种既能解释该现象,又能定性地给出远近感的类似于几何学的模型,叫作周转圆宇宙论②。所谓周转圆,正如图 5-5 那样,圆的周边有着更小的圆在运转,据说是由希腊的数学家阿波洛尼厄斯③研究出来的。后来由喜帕恰斯④、托勒密⑤,将其集大成为一种宇宙模型。

---

① 译者注:周转圆:以旋转圆的圆周为中心旋转的小圆,天动说以此说明行星在这个小圆上运动及其运行的不规则性。

② 译者注:周转圆宇宙论:在托勒密的宇宙模型里,行星循着本轮(周转圆)的小圆运行。而本轮的中心循着被称为均轮的大圆绕地球运行。这种模型可以定性地解释行星为什么会逆行。

③ 译者注:阿波洛尼厄斯(公元前 262—公元前 190 年),古希腊数学家。研究用平面将直圆锥切开时得到的圆锥曲线的性质。著有 8 卷《圆锥曲线论》。

④ 译者注:喜帕恰斯(约公元前 190 年—公元前 125 年),亦译为伊巴谷,古希腊最伟大的天文学家,他编制出 1022 颗恒星的位置一览表,首次以"星等"来区分星星。发现了岁差现象。喜帕恰斯是方位天文学的创始人,使古代天文学系统化。

⑤ 译者注:托勒密(约 90—168),古希腊天文学家、地理学家、占星学家和光学家,"地心说"的集大成者。《天文学大成》是其所著的天文学书,确定了以地心说为根基的宇宙论,在十六世纪哥白尼的日心说出现之前,成为那时的宇宙论的基准。

按照周转圆理论,行星不是与地球保持等距离,而是根据其在周转圆上的位置,距离地球时远时近。人们将其分别称为近地点①、远地点。靠近近地点时星球会显得明亮,当靠近远地点时,就会显得灰暗,这是模型对于行星的亮度变化的定性说明。

　　这个周转圆模型与前文的同心宇宙模型相比,操作方法更为简单,而且运用了数学理论,更易于说明各种细微的现象。如果改变周转圆的半径与运转速度的话,就能说明各种运动。从理论上来说,通过重叠数个周转圆,可以穷尽地表现任何运动。这一点正如所有的曲线都可以用傅里叶级数展开来进行表示一般。

　　作为数学表现方式,另外还有用偏心圆或是等分的分析手法的,托勒密于公元二世纪就使用这些数学理论写就了《天文学大成》这部大作。该书可谓是哥白尼之前的最有意义的、最庞大、最优秀的天文学著作了。该书有薮内清翻译的日语版,第一卷中有着与亚里士多德相同的宇宙论的说明,后面全部是关于行星、恒星的观测与理论的内容,是一本极其详尽的天文学著作。可以说这本书确定了古代天文学的研究方法,其中大部分的问题都由托勒密做出了解答。

　　但还有一个大的问题尚未得到解答。那就是如此复杂的宇宙模型果真如实地反映了宇宙的实际状况吗? 前文论述的亚里士多德的香荷包模型的宇宙观认为宇宙就是呈现出那种形状,正如设置好的机器一般有规律地旋转。或许可以称之为物理性质的模型。另一方面托勒密他们使用的周转圆、偏心圆的原理是真实存在的机制吗?

　　作为托勒密自己,他似乎是倾向于把这个周转圆宇宙观看作实际存在的模型。可以看出,在其模型中,每个行星运转的各个层面宛如玻璃球一般存在,他试图把宇宙表现为玻璃球宇宙。但是要把托勒密的模型中错综复杂的原理看作实际存在的、物理性质的模型的话,还是相当困难的。于是接纳托勒密方法的人们不得不放弃制造物理性质模型的念头,转而遵从"以现象为重",仅从数学角度来说明行星的运行。

----

　　① 译者注:近地点:月亮或人造卫星在其轨道上距地球重心最近的位置。

在那之后的天文学家,或是跟随亚里士多德式的物理模型,或是信奉托勒密式的数学模型,不得不面临两者择一的苦恼。采用亚里士多德式的模式,虽然能从物理方面对于天体的运动进行说明,却无法用数学模式来表现细微的运动。遵从托勒密的方式,虽然能精密地表现天体的运行,却无法从物理学方面来说明其运动。在那之后,西方天文学的传统中心也从希腊精神时代托勒密居住的亚历山大转到了伊斯兰教徒所在的世界,伊斯兰的天文学家们试图将亚里士多德的物理学模式与托勒密的数学模式进行折中。例如,有一个学者提出如图5-6的构想,就是把周转圆当作球轴承,将其放入两层球体之间,进行运转。试图用这种将数学模型与物理表达融为一体的形式来表现这种运行机制。

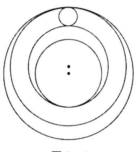

图 5-6

一般来说,专业的天文学家会尽量用数学方法来精准地表现天体的复杂运动,所以他们会沿着托勒密的路线,在其基础上加上周转圆等机制并使两者巧妙结合,致力于提高数学计算的精度。对于他们而言,天文学的目标就在于"说明现象"。他们甚至认为,即便该模式与实际的宇宙现象不符也无大碍。

就这样,周转圆等因素被增加到模型中来,当然也并非是无原则地叠加。根据现在的日心说,地球是以太阳为中心进行公转的,因此以地球为中心来进行表述时,需要一个周转圆。另外行星在椭圆形轨道上做非等速运转也是当今已经明了的天文现象,为了能恰当地表现这一点,如图5-7那样,为了偏离中心,需要一个周转圆;此外,用椭圆形替代圆形,也需要一个周转圆,这样就需要两个周转圆。因此,为了说明一个行星的运转,至少需要用三个周转圆。如果把喜帕恰斯发现的岁差、当今被否定的时间变化项(除了一定的岁差之外,跟随时间而发生变化的项)也考虑在内的话,就需要把周转圆、偏心圆组合起来,用由数量极多的圆形成的复杂的模型来表现天体的运转。这一个个的圆不能被称之为宇宙论或是物理性的实际存在,而这些复杂叠加的宇宙像都曾经是过去天文学家心目中的宇宙观。

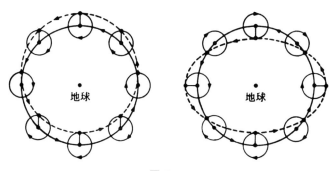

图 5 - 7

(6) 太阳中心宇宙观

十六世纪的哥白尼[①]对于前文论述的宇宙观并不满意。他认为即便使用再巧妙的数学模型,若只是像这样把圆进行毫无意义的重叠,未必能真正说明宇宙的实际情况,天文学的真正目标并不在于此。用他自己的话来说,他的终生愿望就是把这个如怪物般的宇宙像进行简化。为了达成这一目标,不是以地球,而是以太阳为中心,就可以省去给每个行星加上的周转圆。虽然这么做还不能删除用于表示非等速椭圆运动的周转圆,但是却可以减去每个行星的 1 个周转圆,共计减少 5 个周转圆。因此,哥白尼决心建立基于以太阳为中心的宇宙观的天文学。他的做法与用数学手段更为精准地表现行星运动的传统目标不同,是为了设立一个更为简洁、实在的,具有实感的宇宙观。该做法是基于他的审美观。

他终其一生,写出了足以与托勒密的《天文学大成》分庭抗礼

① 译者注:哥白尼(1473—1543),文艺复兴时期的波兰天文学家、数学家、医生。其主要著作为《天体运行论》,他提出了日心说,否定了教会的权威,改变了人类对自然对自身的看法。

的大作《天体运行论》,该书于 1543 出版。这是一部充满野心的著作,他把托勒密用作地心说的所有说明都替换为日心说的论据。

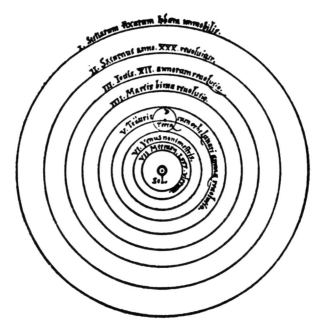

图 5 - 8 哥白尼的日心说宇宙图(摘自《天体运行论》)

以太阳为中心,包括地球在内的诸行星都绕着太阳运转,这种宇宙论的观点并非始于哥白尼。在古希腊就已经有过这样的观点,在其后的亚里士多德等的作品中也能找到踪迹。而且在那之后的伊斯兰的天文学家、中世纪的欧洲的天文学家中持该种观点的人也有很多。但仅仅是论述太阳是宇宙的中心这一观点,并不意味着提出了能取代托勒密体系的一种完整的天文学体系、宇宙体系,所以不足以给人以强烈影响。哥白尼坚信日心说,并且立足于该信念,耗费一生写出了足以匹敌托勒密的大部头的天文学著作,并且向周遭的人们宣传展示,要求他们在地心说、日心说中两者择一,从这点上来说,可谓具有革命性的意义,因此受到了高度评价。

哥白尼之后的天文学家被要求在托勒密体系或是哥白尼体系中两者择一,其实这两个选项未必遵从传统的天文学的评价基准。如果遵照传统的评价基准,为了"说明现象",不论使用了多么繁杂的数学模式,只要能提出尽量贴近天体运行的行星运动论,就是有说服力的。但是也有不少天文学家对此抱有疑问,觉得这不是天文学的目标,他们认为天文学的目标应该是描绘出宇宙的真实现状,所以不应只是随声附和数学模型的行星运转论,他们支持哥白尼,并在哥白尼的路线上试图拓展新的天文学。哥白尼的学说由开普勒①、伽利略等人加以发扬光大。他们不再被传统的天文学所束缚,他们有着与哥白尼同样的审美观,采用更为简洁、有说服力的方法,并且基于这种信念进一步完善了哥白尼体系。

宇宙的大小

当今的宇宙观认为宇宙无边无垠、十分宽广。但令人意外的是,这种宇宙观并非自古就有,这是因为宇宙只能从二次元来看。我们肉眼所见到的宇宙,只不过是天球的球面。用视线来测量距离即便在当今也是一件非常困难的事情,但是如果用角度、上下左右这样的二次元坐标轴来表示天体位置的话,就很容易。例如,恒星位于很遥远的地方,其与地球相互的位置关系如果仅凭在天球上的投影的话,无法判断它与我们之间的距离。因此如前所述,天文学家首先想象出一个布满了恒星的天球,将其与地球进行对应,这样的两球宇宙观得到了大家的认可。

在两球宇宙观中,天球的外面是什么样的,对此无人关注过,或者准确地说是无法关注吧。其后,把恒星球内侧按照日、月、诸行星这样的层序来考察,于是形成了洋葱状的宇宙像。此外,为了能表现出行星间的距离感,又使用了周转圆这种概念,至少能定性地表达从地球看到的距离的远近。

但是托勒密式的宇宙观从本质上来说是二次元的宇宙观。即便加上了周转圆,也只是为了"说明"在布满了恒星的天球的背景上,日、月、诸行星如何进行二次元的运转这一"现象"而已,不过是数学运算罢了。

---

① 译者注:开普勒(1571—1630),杰出的德国天文学家,他发现了行星运动的三大定律,分别是轨道定律、面积定律和周期定律。

于是，有一些天文学家并不满足于行星运动的二次元式说明。他们把托勒密的周转圆看作物理性的实质存在，把前文论述的球轴承式宇宙中的球轴承式球的宽幅，也就是该行星运转的空间，认定为是具有一定厚度和距离的。如此一来，周转圆宇宙的各个天球，也就是"洋葱皮"的厚度是由周转圆的半径来决定的。如此一来就形成了三次元的宇宙像，但是从今天来看，这些周转圆只不过是一种数学上的虚构而已，如果硬要把其看作实际存在的话，那宇宙就会变得极厚。

像这样，通过周转圆的半径来确定洋葱状的厚度的宇宙概念，在中世纪后期到文艺复兴时代，在西方占据了支配地位，而这个宇宙观被传入东方则是在利玛窦①于十七世纪初到访中国以后才发生的事情。之后又传入了日本，尤其是在江户时代的日本，一个名为"游艺"的中国人写的《天经或问》甚至拥有很大的读者群。西方的这种洋葱宇宙观除了《天经或问》之外，还在其他作品中出现过，一位名叫"西川如见"的天文学家看到这些观点经过长崎传入日本后，给了如下的述评："宇宙的大小，也就是'洋葱皮'的厚度在不同文献里各有不同。"这是因为对于周转圆的半径可以有不同的见解，也就是说根据学者不同，半径大小也就有差异，从而导致洋葱皮的厚度也有所不同，最终导致宇宙整体的大小也相差甚远。正因为如此，在西川如见看来，西方的洋葱宇宙观中所描述的宇宙的大小的可信度不高。他说，谁都无法登到天上去测量，所以一脸认真地讨论我们与天体的距离是毫无意义的。

在那之后的十八世纪，出现了一位名为"文雄"的和尚，他在批判《天经或问》的基础上，写出了《非天经或问》一书。该书基于佛教的宇宙观，对西方的宇宙观展开了批判。他认为宇宙无边无垠、十分浩渺。佛教里有三千世界这个词语，这不是简单地说有三千个世界，而是说一千个小宇宙聚合为中世界，一千个中世界聚合为大世界，宇宙就具备这种层级式的构造，最终构成浩渺的空间，里

---

① 译者注：利玛窦（1552—1610），意大利耶稣会士。明朝末年赴中国，被敕许在北京居住，确定了中国耶稣会的基础。还通过许多汉语著作，将近代科学思想介绍到东方，著有《天学实义》《几何原本》等。

面有着无以计数的星体,还有岛宇宙①。当然这种佛教观点的宇宙观并不是基于计算,而完全是想象的产物。但是这比起西方自亚里士多德以来的传统的洋葱宇宙观,更为接近当今的观点。文雄认为,既然恒星球的这一侧有着九个或十个洋葱般的空间的话,为什么那一侧不可能有着相同大小的空间呢?

继承了亚里士多德和托勒密的传统的洋葱宇宙观、球轴承宇宙观都在哥白尼的冲击下被迫加以变革。正如前文所述,所谓的洋葱皮的厚度是一个很靠不住的数值,但是哥白尼却对于行星的相对距离给出了近似于当今数值的正确值。在"说明现象"方面,也就是用数学来表述天球上日、月、诸行星的二次元的运行这一点上,不论是托勒密的天文学,还是哥白尼的天文学,在精度上并没有大的差异。比起哥白尼来,同时代的托勒密派天文学家的计算,由于有着悠久传统这一背景,反而更为准确。用现今的电脑来计算,虽然有各种要素,无法一言断定优劣,总的来说,比起哥白尼来,托勒密天文学更为准确地表述了行星的运行状况。因此当时大部分的天文学家,有一个统计说大致有 95% 的人都认为托勒密的学说比哥白尼的正确。这是由于当时的天文学的目的就在于能够准确地、以数学方式、二次元地表述行星的运行,从这个角度来看,托勒密体系比哥白尼体系的精度更高,也更为详细,所以满足了托勒密派的天文学家们的学术良心。

但是论及三次元式地表现整个宇宙,哥白尼体系与托勒密体系之间就有了本质性的差别。唯有哥白尼体系才较为完美地体现出了三次元的宇宙观。正如图 5-9 所示,在哥白尼体系中,可以用三角测量的原理来测量行星间的相对距离。也就是说,以太阳与地球间的距离为基准,可以通过与之的对比,得出太阳与行星之间的距离。而托勒密流派以地球为中心来求得地球与诸行星的距离无异于缘木求鱼。

我们来看一下图 5-9(a) 中所示的内行星的例子吧。(该图使用了水星的比例尺度)首先可以凭以前的观测结果确定太阳 S 与

---

① 译者注:岛宇宙:认为若每个星系是一个岛,那么宇宙便由很多个岛组成。

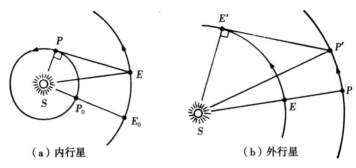

（a）内行星　　　　　　　　　（b）外行星

图5-9　求得行星间的相对距离(轨道半径)

行星P_0、地球E_0呈一条直线时的时间点。我们将其称为下合①。从下合之后过了数十日,由于行星的公转速度快于地球,假设行星P运转到了从地球看距离太阳最远的地方。我们将这个夹角$\angle PES$称为最大距角②,这个夹角也可以通过观测轻松获得。

在三角形PES中,边ES在当今被称为天文单位。人们把地球与太阳之间的距离设定为1,由于$\angle SPE$是直角,所以根据三角法的原理,通过$ES\sin\angle PES$可以求出距离PS。这也就是相对于地球与太阳距离的、行星的相对距离。哥白尼通过这种算法不仅算出了内行星的相对距离,而且求出了所有行星的相对距离。这个数值从原理上来说是正确的,其不同于托勒密体系的洋葱皮的厚度,是完全符合数理的,因此到今天该数值依旧有效。我们会在后文论及,哥白尼的这个成果不经意间对于其后的天文学的发展具有非常重要的意义。

言归正题,其实我们并未能就此断言:之所以能这样确定行星距离,是因为相对于托勒密的地心说,哥白尼采用了日心说即太阳中心论。因为在哥白尼之后不久,出现了一位名为第谷·布拉赫③的天文学家,他提出了以地球为中心,在数学方面与哥白尼

---

① 译者注:下合:水星、金星运行到地球与太阳中间,并于太阳处于同一经度(的时刻)。

② 译者注:距角:从观测点看到的两个天体之间的角距离。

③ 译者注:第谷·布拉赫(1546—1601),丹麦天文学家,通过肉眼进行的最高精度观测成为开普勒"行星运动三定律"的基础。

体系完全相同的体系。具体可参照图 5 - 10，好比用别针定住哥白尼体系中的地球，使之停止运转，而让太阳绕着地球转。不难看出，通过该图也能跟哥白尼一样求得太阳与地球以及诸行星的相对距离。

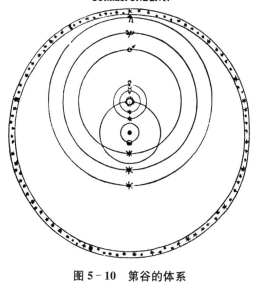

NOVA MVNDANI SYSTEMATIS HYPOTYPOSIS AB
AUTHORE NUPER ADINUENTA, QUA TUM VETUS ILLA
PTOLEMAICA REDUNDANTIA & INCONCINNITAS,
TUM ETIAM RECENS COPERNIANA IN MOTU
TERRÆ PHYSICA ABSURDITAS, EXCLU-
DUNTUR, OMNIAQUE APPAREN-
TIIS CŒLESTIBUS APTISSIME
CORRESPONDENT.

图 5 - 10　第谷的体系

　　其实哥白尼体系中有着一个天文学难题。因为根据哥白尼体系计算，就必然会产生视差①。如图 5 - 11 所示，由于地球的公转导致恒星的方向根据季节而产生差异就是视差，这种视差被称为周年视差。其实在哥白尼的时代，人们并不认为地球距离恒星很远。当时根本无法进行准确的测量，而且在当时的宇宙观里，把天球的半径想象得比现在要小很多。当时的天文学家认为，如果采

---

　　①　译者注：视差：因观测位置不同而产生的物体的视觉像及方向的差异。分为周年视差与周日视差。周年视差就是由太阳中心观测天体的方向和由地球中心观测天体的方向差；周日视差就是从地球中心观测天体的方向和从观测者观测的方向的差。

用哥白尼的日心说,应该会产生数值不小的视差,因此他们认为如果能发现视差的话,就能证明哥白尼的学说了,于是大家都致力于观测。可是由于那个时代没有望远镜,最终也未能发现视差。当时最伟大的天文观测学家第谷·布拉赫具有非常实证性的思维方式,他认为既然无法发现视差,就不能采信哥白尼的太阳中心论,所以他就提出了前文论及的地球中心体系。其实在那之后很久的十九世纪,视差才终于被观测到,其数值是当时根本无法测量到的相当小的数值。第谷体系有一个优点,那就是与哥白尼体系相同,且能准确计算行星的相对距离。而到此时终于又迎来了开普勒的登场。

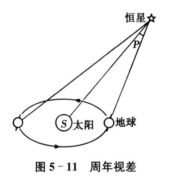

图 5-11　周年视差

　　开普勒是第谷·布拉赫的弟子,老师第谷给弟子开普勒留下了庞大的观测数据,让他根据这些数据来证明第谷体系的正确性。但是不肖弟子开普勒却发现哥白尼的太阳中心论更具说服力,他拥有跟哥白尼相同的审美情趣,于是他枉顾师尊,并未去进一步完善第谷体系,而是深信哥白尼的学说,并试图使之更完美。在哥白尼体系中,为了表示行星的运转继续沿用了周转圆,开普勒则完全废除了周转圆。因为行星并非做等速圆运动,他用椭圆也就是二次曲线来描述其轨道,而且其运动也并非等速。

开普勒所表述的这两点被称为开普勒第一、第二定律①,并被确立为定式。其中第一定律就是一般来说行星的轨道不是圆形而是椭圆。在那之前,天文学界都用圆的组合来表示天体运动,开普勒废止了这一做法,用椭圆替代了周转圆,减少了周转圆的数量。第二定律叫作面积定律,就是说连接行星与太阳的线在相等的时间内扫过的面积也是相等的(见图5－12),由此否定了等速圆运动。

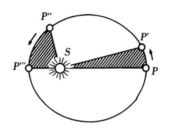

图5－12　面积定律

　　通过这两个定律,开普勒成功地让天文学完全废止使用周转圆。还有第三定律,其不同于第一、第二定律,不是论述单一的行星的运行,而是论述与之前的内容性质完全不同的、行星间的定律。也就是行星的平均距离,即哥白尼体系中的行星公转半径的三次方与行星的公转周期的二次方成比例这个行星间法则。如果无法确定行星间的相对距离的话,这个第三定律就无法成立。因此从这一点来看,哥白尼的业绩有助于开普勒第三定律的发现。而且,作为新式近代科学基础的牛顿力学的平方反比的规则就是在这个开普勒第三定律的基础上衍生出来的。

　　为了方便说明,现在假定进行开普勒运动的行星进行着等速圆运动,其轨道上的速度 $v=2\pi r/T$。该公式中,r 为行星轨道的半径,T 为公转周期。将其代入到开普勒第三定律 $r^3/T^2=k$,消去

---

①　译者注:开普勒定律包含如下三部分内容:

a. 椭圆定律:所有行星绕太阳的轨道都是椭圆,太阳在椭圆的一个焦点上。

b. 面积定律:行星和太阳的连线在相等的时间间隔内扫过相等的面积。

c. 调和定律:绕以太阳为焦点的椭圆轨道运行的所有行星,其各自椭圆轨道半长轴的立方与周期的平方之比是一个常量,即 $\dfrac{a^3}{T^2}=k$(有的书中写为:$r^3/T^2=k$)

T，就可以得出 v^2 与 $1/r$ 成比例。后来，惠更斯[①]在 1673 年初版的关于摆钟的著作中，论述说向着太阳方向运转的行星的加速度 a 是与 v^2/r 成正比，将该公式与前文的结果相组合，就能得出 a 与 $1/r^2$ 成正比的结果。在加速度上增加质量的话，就会成为力，这样就推演到了牛顿定律，也就是说力与距离的平方成反比这个命题。在这个平方反比定律的基础上出现了天体力学，并被运用于各方面，形成了所谓的力学自然观。把所有的现象还原为以牛顿定律为基础的力学，通过微积分的形式加以解答，这一近代科学最强的武器由此而诞生。

那么前文提出的课题，也即宇宙到底有多大呢？在天动说的宇宙观看来，宇宙不可能太大。因为该学说认为天球一天进行一个自转，如果是无限大的物体的话，是不太可能那么快地转动的。太快会令人头晕目眩。按照天动说，就不得不把宇宙考虑得小一些，而人类生活在空间不大但井然有序的宇宙中，根本不会对宇宙之外的事情抱任何兴趣。现代人动辄使用"无限"这个形容词，时不时用"无限的可能性"等表述，可见偏爱该词，但是古时候的人们讨厌"无限"。或许是因为他们认为无边无垠、无穷无尽的东西是令人心生恐怖的吧。的确，当人在仰望苍空，看到苍穹一望无际时，会感到茫然，产生一种灵魂即将消失在虚无远方的不安感。所以古代人相当害怕无限的事物。

但是根据哥白尼的日心说，天是静止不动的，如此一来，人们就觉得即便无边无垠也不令人恐惧了。其实哥白尼自己都不相信宇宙是无边无垠的，在他的主要著作《天体运行论》中的图（参见本章 84 页图 5-8）里，恒星球就比土星球高一层，绘制得出乎意料地小。但是那时的西方流行柏拉图哲学，人们对于宇宙是无垠的这一观点开始认同，而且人们也开始觉得宇宙中有着很多的世界。因为神是万能的，不可能只创造一个小巧而秩序井然的宇宙，所以应该制造了无数个世界，这样的神学的议题也被提了出来，并围绕着异端与正统，在基督教会展开了激烈的争论。

---

① 译者注：惠更斯（1629—1695），荷兰物理学家，以发明摆钟和创立光的波动说（惠更斯原理）而知名。

通过这样的论争，人们从过去的狭小而有序的中世纪式的宇宙观中解放出来，开始持有宏大的宇宙观。在哥白尼的学说中，太阳还被认为是宇宙的中心，但思想得以解放的人们开始设想，太阳果真是宇宙的中心吗？会不会根本不存在所谓的宇宙中心呢？例如，名为尼古拉①的经院哲学家曾提出上帝无所不在，宇宙的哪个部分都有可能成为中心，宇宙是没有边界的这样的讨论。这就是所谓的牛顿式的宇宙观。在牛顿式的宇宙观中，没有所谓的中心。说太阳是中心，只不过是因为太阳比起周边的行星在质量上大很多，成了该行星系或是太阳系的力学意义上的中心而已。根据牛顿的力学，我们完全可以认为，在不同于太阳系的地方，有着与太阳一样的恒星。所以牛顿式宇宙观是一个开放的宇宙观，也即：宇宙没有中心，或者说哪里都能成为中心，无需按层序排列，宇宙就是一个开放的体系。

①　译者注：尼古拉（1401—1464），德国神秘主义的哲学家，超越、克服经院哲学，开辟了近代哲学的道路。在其著作《论有学识的无知》中以上帝为矛盾的统一，倡导对立面的一致。还著有《论上帝的显示》。

第六章　天体力学[①]

牛顿[②]的引力理论

　　大家都知道牛顿的故事吧，他因看见苹果掉落从而得到启发，提出牛顿力学。据说这好像是十八世纪某个解说牛顿力学的人自己编的故事，并非事实。但是，牛顿一直思索的问题到底是什么呢？苹果为什么是向下掉落的呢？谁把这样的问题作为疑问反复思索呢？能从这个视角提出疑问，其实可谓真正掌握了创立近代力学的关键问题。

　　不管是以托勒密[③]为首的天文学流派，还是以哥白尼[④]为中心的天文学流派，都致力于能够尽可能正确地描述行星运动。学者们始终认为这是可以用数学、几何的方式加以描述的问题，对于为什么行星是那样运动的，却一直没有人给出一个合理的答案。在那之前，所有的天文学都主要以行星轨道论为对象展开，主要潜心研究行星在轨道上是怎样运动的，而对于形成这种运动的原因并不感兴趣，认为这个问题不是天文学所需解决的问题。

---

　　① 译者注：天体力学：天文学中较早形成的一个分支学科，它主要应用力学规律来研究天体的运动和形状。

　　② 译者注：艾萨克·牛顿(1643—1727)，英国皇家学会会长，英国著名的物理学家，百科全书式的"全才"。他在1687年发表的论文《自然定律》里，对万有引力和三大运动定律进行了描述。

　　③ 译者注：托勒密(约90—168)，古希腊天文学家、地理学家、占星学家和光学家，"地心说"的集大成者。

　　④ 译者注：哥白尼(1473—1543)，文艺复兴时期的波兰天文学家、数学家、医生。提出了日心说，否定了教会的权威，改变了人类对自然对自身的看法。

但是，人类总喜欢问为什么。无论是古希腊还是中国，人们很久之前就在思考天体为什么会运动这一问题了。中国人用"气"这种概念来解释宇宙的所有现象，这个"气"相当于当今所说的能量。但在西方国家，人们对此有更加细致深入的解释。古希腊的柏拉图①等人坚信：天是一个完整的整体，始终进行着圆周运动。另一方面，他们认为地面上的运动都是直线运动，重的物体向下落，轻的物体往上漂。例如苹果向下落掉在地上，根据亚里士多德提出的猜想，这时苹果的加速度正好可以用鸟返巢快到家时高兴地加快速度这种现象来解释。像这样将天体运动和地面运动完全割裂的思想一直是西方国家的主流思想，前者属于天文学范畴，后者受自然学乃至物理学法则支配。但是到了十七世纪，人们的思维方式发生了变化，他们试图探索出天和地两者之间共通的法则。

活跃于十七世纪的伽利略·伽利雷②，以近代科学之父著称。他运用运动学来研究地面上的落体运动，即物体掉落瞬间的状态，并证实当物体从一定高度下落，在下落瞬间就开始渐渐获得加速度，落体下落的距离与该点处落体速度的平方成正比。伽利略对于这个发现非常满意，他联想到可以尝试用这个发现解释宇宙的演化过程，即宇宙进化论。他认为宇宙是有一个中心的。伽利略想象中的宇宙是这样形成的：在宇宙中的某一点，各行星的组成物质被创造出来，这些物质如图6-1一样向着宇宙中心点掉落，但是在某一点处突然从落体运动转变为与原方向成直角的水平方向运动，自此便形成了围绕宇宙中心点的圆周运动，而这些物质就是行星。伽利略的这种宇宙进化模型的猜想与现实情况并不能完全吻合。后来牛顿通过他的引力理论计算发现，只有在同时满足生成宇宙物质的地点位于宇宙中心点外无限远处，以及重力为牛顿猜

---

① 译者注：柏拉图（约公元前427—公元前347），古希腊伟大的哲学家，也是全部西方哲学乃至整个西方文化最伟大的哲学家和思想家之一，他和老师苏格拉底、学生亚里士多德并称为希腊三贤。

② 译者注：伽利略·伽利雷（1564—1642），意大利数学家、物理学家、天文学家，科学革命的先驱。发明了摆针和温度计，在科学上为人类做出过巨大贡献，是近代实验科学的奠基人之一。

想重力的二分之一这两个条件时,伽利略的宇宙进化模型猜想才能实现。

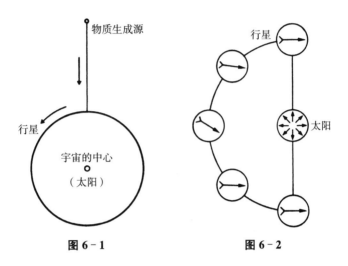

图6-1　　　　　　　　　　图6-2

　　虽说只是猜想,但应该注意的是伽利略将过去只适用于地面的直线运动和只适用于天体的圆周运动结合起来,提出了落体法则与行星公转相结合的宇宙模型的猜想。也就是说伽利略指明了可以用地面运动原理来解释天体运动的研究新方向。

　　另一方面,开普勒①也从天体运动的角度展开了研究。他认为行星拥有着一种与太阳距离成反比的神圣力量,这种力量作用于轨道方向即行星的运动方向,开普勒以此来说明天体运动。但开普勒发现行星是沿椭圆形轨道在运动,于是在经过一番思考后他将磁石概念引入到天体运动的研究中。因为在这之前就有吉伯②猜想——地球是一个拥有南北极的巨大磁石,所以开普勒认为太阳也好,行星也好都是磁石,而且太阳的中心处是南极,周围都是北极。各行星都与地球相似,它们拥有南北极且围绕太阳旋转。这些行星的两极与太阳的北极或相吸或相斥,因此形成了如图

　　① 译者注:开普勒(1571—1630),杰出的德国天文学家,他发现了行星运动的三大定律,分别是轨道定律、面积定律和周期定律。
　　② 译者注:吉伯(1544—1603),英国物理学家,自然哲学家。近代磁学和电学的先驱者。

6-2那样行星在运动中偏离以太阳为中心的圆周运动轨迹,沿着开普勒发现的椭圆形轨道运动。

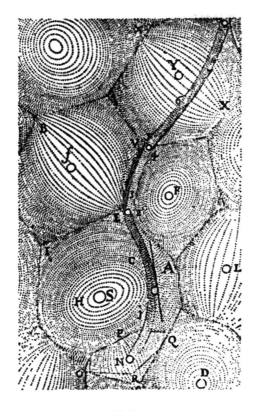

图6-3 笛卡尔的宇宙观
他认为宇宙中充满了物质粒子,这些物质粒子做漩涡状运动,每一个漩涡形成了类似于太阳系的星系。穿梭在期间运动的是彗星。

除此之外,笛卡尔[①]为了说明太阳系的运动规律,提出了以太阳为中心的漩涡状运动模型(图6-3)。还有博雷利[②],他认为行星

---

① 译者注:笛卡尔(1596—1650),法国著名的哲学家、物理学家、数学家、神学家,他对现代数学的发展做出了重要的贡献,因将几何坐标体系公式化而被认为是解析几何之父。
② 译者注:博雷利(1608—1679),意大利数学家和生理学家。假设木星与太阳一样具有引力,试图以此来解释木星卫星的运动。他第一个提出彗星沿着抛物线轨道穿过太阳系。

好比在水槽中旋转着的木棒上方浮着的物体,这木棒的旋转方式就和现今电动洗衣机里的一样,他潜心研究着到底以怎样的速度旋转才能正好使行星保持在原轨道上不偏离(图6-4)。以上都是试图通过机械论①的法则来统一解释天体运动和地面运动的例子。也可以说他们是运用在十七世纪占据主导地位的机械论的自然观来描绘宇宙模样的典型代表吧。

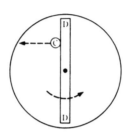

图6-4　博雷利的行星理论

如果旋转的横木DD快速转动的话,球C就会向外侧移动,慢速转动的话球C就会向内侧移动。如果横木DD的速度合适的话,球C就会做匀速的封闭式圆周运动。

若要将天体运动和地面运动相结合考察,首先要弄清楚的问题是,为什么在地面上物体掉落是做直线运动,而天体是做回转运动呢? 也就是说为什么苹果会掉在地面上而月球始终围绕地球旋转而不会掉下来。在绳子的一端挂上秤砣,使其轱辘辘地旋转,握绳子的那只手能感觉到受力吧。在奥林匹克运动会等运动会上看到的扔铁饼就是用这个力将铁饼远远投掷出去的。这些都是致使旋转着的物体偏离其现有运动轨迹的力在起作用。而这就是离心力。像月球和行星这样做圆周运动或沿椭圆形轨迹运动的星球也是如此,人们认为其中一定有向外侧的离心力在起作用。那么是什么与之相抗的力量使天体能够维持在轨道上运动呢? 为了和向外远离的力取得平衡,必须有一个与离心力相反方向的力,也就是向中心起作用的力。要拿扔铁饼打比方的话,这个力就是阻止铁饼向外飞出的手腕的力量。这种力要是和致使苹果掉落在地上的

---

① 译者注:机械论:一种在近代科学发展中有着高度影响的自然哲学。在它最早和最简单的阶段,这个理论使自然完全类似于一台机器——甚至基本上就是一部像齿轮或滑轮一样的装置。

力相同的话,就能统一说明苹果的运动与行星运动了。而这就是牛顿所思虑的问题。

正如行星围绕太阳旋转一样,月球也是围绕地球旋转的。而能够让月球保持平衡不向外远离,那应该是地球对于月球的引力在起作用。同理,苹果也是受地球引力作用掉落到地面上的。这是因为世间万物都被赋予了相互的引力。这种力量究竟有多大呢?牛顿运用了本书前一章论述的开普勒第三定律等发现了万有引力定律。也就是发现了两个质点间的作用力与各质点的质量成正比,与质点间距离的平方成反比这个法则。

那么,力到底是什么呢?我们在日常生活中所说的"强有力的"、"用力推"等等短语中所指的力是物体与物体接触过程中相互推拉的、可以看见的力。但是,牛顿定义中所指的力是指在苹果和地球间没有任何接触,又或是在相互距离很遥远的月球和地球之间什么也没有的情况下,他们之间仍然有某种力在起作用,这真是件令人不可思议的事情。在某种意义上倒不如说这种现象像是受到占星术的影响似的。在中国,人们是这样来解释天文现象对地面的影响的:即天地之间虽然并没有什么东西存在,但天上发生的变化在一定程度上对地面造成了影响。在西方也是如此,他们至今仍用被人们信奉的占星术来解释这些现象,认为星宿能够在远离地球的情况下支配地球上人类的命运。

但是,以理性主义①者自居的十七世纪机械论的思想家们对于这样的解释并不满意。如莱布尼兹②等人就持反对意见,认为牛顿提出的力是超自然的玄幻之力,科学界并不能认同这种超自然现象。正如儒家所说"不语怪力乱神"③。当时的牛顿对此也不能给出令人信服的答案。牛顿自身研究光的现象,他认为光可以通过粒子传播,这样也许就可以解释太阳光是通过粒子传播到地面的。

---

① 译者注:理性主义:是建立在承认人的推理可以作为知识来源的理论基础上的一种哲学方法。

② 译者注:莱布尼兹(1646—1716),德意志哲学家、数学家,历史上少见的通才,被誉为 17 世纪的亚里士多德。

③ 译者注:不语怪力乱神:出自《论语·述而》:"子不语怪力乱神。"意为孔子不谈论怪异、勇力、叛乱和鬼神。

但是，重力是人眼看不见的东西，而且太阳和地球之间的空间是否存在粒子，这也只能是一个猜想，无从考证。因此，对于这个问题牛顿拒绝给出任何假说。

力为什么会起作用，力的本质又是什么？无法回答以上一系列问题是牛顿力学存在的本质上的缺陷，所以当时的人们并不能完全接受牛顿力学的观点。与之相比，笛卡尔提出的以太阳为中心做漩涡状运动的观点则更令人信服。在十七世纪后半期至十八世纪初，笛卡尔的观点比牛顿力学更加受到广泛支持。但是笛卡尔的漩涡模型并不能够很好地运用数学公式来表达，而运用牛顿力学的万有引力定律则可以很好地解释月球运行方式。加之1687年首次出版的牛顿的著作《自然哲学的数学原理》①，能够完美地运用数学公式解释行星运行相关问题。因此，虽然最初欧洲科学界对于牛顿提出的离奇的力概念持有反对意见，但当牛顿力学在解释包括天体现象在内诸多方面问题发挥威力时，他们也不得不承认该法则。所以十八世纪后半叶，牛顿力学作为一个完整的、确立的法则受到了学界的认同。

牛顿的万有引力定律最初是为了解释天体运动而推导演算出来的。牛顿认为太阳系是纯粹的质点的集合且其运行非常有规律，这是可以用力学加以说明的非常合适的题材。因此天体力学就作为力学的一个分支逐渐发展形成了。此后形成了一种趋势，人们认为不管是弹性物体等这样简单的地面上的物理现象还是其他现象，全部都可以用牛顿力学来解释说明。在这种情况下，天体力学经常发挥着样本的作用。于是乎，牛顿便逐渐地被誉为近代科学的先驱。

牛顿之前，在近代科学形成时期还出现了伽利略、开普勒、笛卡尔等一系列大人物。他们的思想同属机械论自然观②，都倾向于

---

① 译者注：《自然哲学的数学原理》是英国伟大的科学家艾萨克·牛顿的代表作。成书于1687年，是第一次科学革命的集大成之作，它在物理学、数学、天文学和哲学等领域产生了巨大影响。

② 译者注：机械论自然观：认为人与自然是分离的和对立的，自然界没有价值，只有人才有价值，发展了人类中心主义的价值观，这就为人类无限制地开发、掠夺和操纵自然提供了伦理基础。

将与人类和生物无关的机械作为模型,以此来解释自然现象,他们仅以物质及其运动作为研究中心,舍弃了颜色、气味等次要属性。牛顿则进一步冲破机械论自然观,以力的概念作为研究的基础,统一解释说明世间各种现象发生的原因,这就是力学的自然观①。伽利略等人认为牛顿对于其提出的力等这些最基本的概念并没有明确的定义,所以有必要与其划清界限。

天体力学的发展

下面我们就来说说可以称作是力学自然观模型的天体力学的发展吧。天体力学在近代科学的发展中最具典型代表意义。要说起科学的先进的研究方法,在最近常用的概念中有一种叫作"范式"的概念。提出此概念的科学史家托马斯·库恩②认为"范式"作为被人们所广泛接受的观点和想法,在一定时期内,给科学家提供了一种对话自然的方式范本。一般来说科学就是指将一定的"范式"作为范本展开,并积累知识的研究学问的方法。牛顿的《自然哲学的数学原理》就是天体力学领域的范本,可以说天体力学正是使用了包含了万有引力定律等内容的牛顿的"范式",不断地取得一般科学的顺利发展的学科。那时天体力学家对于牛顿"范式"中的基础概念的力和万有引力定律没有丝毫怀疑,并通过研究天体的各种组合,使得该"范本"得到不断衍生,飞速发展,从十八世纪开始到十九世纪,迎来了天体力学的黄金时代。在其他科学领域,特别是社会科学领域,学者们时不时会对作为科学基础的"范式"持有疑义,但天体力学的专家学者们对牛顿的范式毫无疑义,这使得他们能够专心沉浸于研究,细致入微地使用专业而精细的数值和计算公式探寻一般科学的发展奥义。

牛顿的万有引力定律公式为 $F \propto 1/r^2$,在这里,F 是指力,r 是

---

① 译者注:力学自然观:认为在真正的哲学里,所有的自然现象的原因都用可以力学的术语来陈述。

② 译者注:托马斯·库恩(1922—1996),美国科学史家,科学哲学家,提出范式概念,即一个公认的模型或模式。从更为现代的意义上来理解,它表示某种派生的思想和概念的发端与基础。

指两质点间的距离。现在如果两质点分别为太阳和行星的话,假设太阳质量为 m_0,行星质量为 m_1,因为力和质量成比例,所以它们相互间的引力 F 可表示为 $F \propto m_0 m_1 / r^2$。另一方面,力是质点的质量和加速度 a 的乘积,也就可表示为 $F = m \cdot a$。那么把 F 作为媒介的话,就可得 $ma \propto m_0 m_1 / r^2$。现在假设等号左边为行星,比例常数为 k,可得 $m_1 a = km_0 m_1 / r^2$。这个等式左边表示行星的运动,右边表示对于行星的作用力。因为加速度为二阶微分,用 x、y、z 三元来表示的话,即可得微分方程式 $\mathrm{d}^2 x / \mathrm{d}t^2 = km_0 / r^2 \cdot x/r$,$\mathrm{d}^2 y / \mathrm{d}t^2 = km_0 / r^2 \cdot y/r$,$\mathrm{d}^2 z / \mathrm{d}t^2 = km_0 / r^2 \cdot z/r$。这些都是二阶微分方程式,解开这个方程可得 6 个积分常数。因此,给出 6 个常数的话,就可以确定行星的三维运动方式。(参照图 6-5)

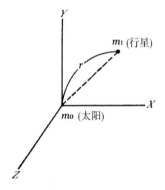

图 6-5

在太阳系中,与行星相比太阳的质量具有压倒性优势,众多行星围绕太阳旋转,因此行星对于太阳的影响被相互抵消,太阳就可以固定位于太阳系的中央而不偏离了。因此,解前面的微分方程式就可以发现行星都是按椭圆形轨迹运动或是沿着像抛物线、双曲线这样的二次曲线运动。也就是说,天体力学就被简化还原为求解这样的微分方程式问题。天体力学家逐渐认为只要坚信牛顿的力的概念以及万有引力定律,即牛顿"范式"的正确性,并在此基础上专心解析微积分方程式就可以了。他们已经不再关注计算结果与观测现象是否吻合,只是一味迷信作为力学基础的牛顿"范式",因而他们认为已经没有必要通过观测结果再次验证牛顿力学的正确性。这最终导致了天体力学家不再去观测天体运动,而是一味地绞尽脑汁解析方程式,结果他们都变成了数学家。

那么,像涉及太阳与行星,又或者地球与月球这样两个天体间的运动时,牛顿的《自然哲学的数学原理》还能够完美解释这种二体问题。这个问题的解就是行星的椭圆形轨迹,而由此微分方程式可以推导出开普勒第一定律和第二定律。但是,天体并不仅仅只有两个,要是研究三个天体间的问题,甚至是多天体间的问题的话,就变成了钻研解析复杂微分方程式了。例如月球其实并不仅仅是受地球引力影响,而沿着椭圆形轨道围绕地球运动,除此之外还必须考虑到它会受最大的星球——太阳的引力影响。三个天体间的问题用通常办法根本无法解析。因为三个天体间的问题就像三角关系一样,如果其中两个天体固定了,只要考虑这两个天体对其余一个天体的影响,那么问题就简单多了,但是三个天体都在运动的话,问题将变得非常复杂。以月球为例,即使假定太阳是固定不动的,但地球仍然一直绕着太阳做圆周运动,这种影响非常复杂,导致分析研究月球的运行规律也变得非常困难。天体力学家以微分方程式为基础,在前面说到的基本方程式的右边除了加上地球对月亮的影响之外,还需要加上太阳对月球的影响,并运用所有种类的解析技巧解此项方程式。为解析一般情况下 n 个天体间的引力问题,天体力学家致力于发明各种特殊函数以及其他的解析技巧,这也促进了十八、十九世纪数学的发展,为当今物理学家、工学家研究物理数学奠定了坚实的数学基础,也就是我们所说的解析学。这样一来,为解析微分方程式,天文学学者苦心钻研变换变量等技巧。但是从根本上来说这些公式原型还是牛顿力学,要说这之后的发展也只是研究计算技巧而已也不为过。

实际上,太阳对行星、地球对月球的影响是最大的,因为行星围绕太阳,月球围绕地球做椭圆形轨迹运动,但在此基础上,因为还存在其他的天体的引力影响,所以因摄动①项(产生偏差的要素)干扰,天体运动会产生一定的偏差。要说月球的话,就有包括出差、二均差、月角差等在内的数不胜数的各种摄动项对其运行产生

---

① 译者注:摄动:在作用于某一物体的力的作用中,相对于主要力,指附加性小力的作用。如使某一行星偏离太阳引力所形成的椭圆形轨道的其他行星的引力等。

干扰作用。太阴论就是分析这些摄动项对月球的影响并计算月球的正确运行规律的相关研究。曾经有一个叫布劳恩的人，他找到了 1415 个月球运行的摄动项并制作出月球运行表。但是通过与观测结果比对，发现仍有几秒的误差，而且这个误差随着时间的推移逐渐增大，学者认为该表一百年之后就无法正确匹配月球运行情况了。在那个没有电脑的时代，即使想要检查布劳恩的计算，也根本不可能完成这样庞大的如天文数字般的计算量。因此，虽然大家都觉得这个表有偏误，但是没有任何人去查证，一直使用了一段时间。

现今，因为有了电脑的存在，我们能够更加快速地进行数值运算。但是，天体力学家希望的并不仅是进行数值运算，让运算结果与观测结果完全吻合。与此相比，他们更加在意的是怎样变换微分方程式进而导出漂亮的计算公式这样的美学问题。这样的理想在以天体力学为首的流体力学等我们通常所说的古典力学的领域得以传承，延续至今。通过使用电脑，运用万有引力定律进行批量数值运算，就能够得到正确的数值答案吧。但是这时通过计算得出的各种项，已经不具备物理意义了。古典学派的天体力学家会思考各种各样摄动项的含义并加以解释，例如这一项表示太阳对月球的影响等，而不考虑各摄动项的意义，只是一个劲儿地求解正确的数值答案，这种机械的做法可以说是以托勒密为代表的天文学流派逐渐衰落的征兆。

牛顿天体力学这一范式究竟有多可靠呢？海王星的预测就是其最著名的例证。在众多行星中，我们只能通过肉眼看见到土星为止，土星再向外的行星像天王星，肉眼就无法辨识了，只能通过望远镜来观测确认。但是，科学家尝试通过天体力学来计算天王星的轨道后，发现计算结果无论如何也没有办法和观测结果相吻合。深信牛顿范式的天体力学家们认为可能在天王星的运行轨道外还有另外一颗行星，产生误差正是受这个行星影响。因此，天文学家们围绕天王星的摄动项展开研究，通过计算预测了当时尚未被确认的海王星的位置。科学家们只是单纯地依靠知晓天王星的运行测算结果存在误差这个线索，就预测了这个连位置、质量等情况都尚未知晓的未知行星的存在,在当时这是非常困难的。但勒维耶①和亚当斯②两位天体力学家却分别通过各自的运算预测到了这个位置,当天文学家把望远镜调向那个预测位置时,果真观测到海王星的真实存在,海王星由此被发现。故 1846 年海王星的发现被认为是天文力学史上的一个里程碑。

但也正是这个天文力学史上的里程碑——海王星的发现给牛顿"范式"带来了危机。这个危机主要在于天体力学无法充分解释水星往近日点移动这个现象。因为预测海王星的存在而声名大噪的勒维耶也注意到了这一点,和通过天王星预测到海王星一样,他还预测到在水星轨道内侧里也还有一颗内行星,将之命名为"巴尔干",并计算出该内行星的位置。虽然由此引得世人观测该处,但迄今为止这样的内行星还未被发现。

还有一位名叫纽康③的天文学家,他对牛顿平方反比定律中的 2 这个数字表示怀疑,他试图将这个数字稍做改动来解释说明水星为什么会向近日点移动。他就将定律中的 2 用 2.00000016120 来代替。也许你们会认为像这样精密的计算是非常困难的,但是因为当时使用的是对数计算法,用 2 这样简约的数字和 2.00000016120 这种复杂精细的数字所花的功夫没什么两样。纽康坚信运用该数字来运算,就可以解释说明水星为什么会向近日点移动。

当基于牛顿范式的天体力学作为一门普通科学发展时,像水星往近日点移动这种与理论不相符的现象并未引起大家关注,但是在天体力学范畴内的主要问题都已解决的情况下,这种现象就显得尤为突出了。于是天体力学家们开始重新思考这种与现有理论不符的现象,着手架构与牛顿范式不同的新范式,以此来解释说明那些与理论不符的现象,而出色完成这项具有跨时代意义工作

---

① 译者注:勒维耶(1811—1877),数学家、天文学家。计算出海王星的轨道,根据其计算,柏林天文台的德国天文学家伽勒观测到了海王星。

② 译者注:亚当斯(1819—1892),英国天文学家,海王星的发现者之一。

③ 译者注:西门·纽康(1835—1909),加拿大、美国天文学家。代表作:《通俗天文学》。

的学者就是爱因斯坦①。这项新范式就是爱因斯坦的相对论。

像这样当现有范式不能解释新出现的各种与其不符现象时，为进一步说明这些不符现象，人们不得不寻求适用范围更广的范式，并在此基础上构建全新的理论，这被称为科学革命。而爱因斯坦无疑是引发这场革命的科学家。

但在这之前与天体力学相关的现象基本都是运用牛顿力学来解释说明的，只有像水星往近日点移动这种特殊现象才会需要使用相对论来解释说明，所以仍有部分天文学家认为没有必要用相对论来改写牛顿力学，他们甚至对相对论的科学性仍表示怀疑。

天体力学即运用力学原理说明太阳系的各种现象，它的主要成果在于预测未知行星，进而能够计算出肉眼看不见的小行星的运行情况，但是在二战后却出现了全新的研究课题。这个课题就是人造卫星。天文学家们便被动员去研究计算人造卫星轨道，预测人造卫星的运行情况、并制定相应计划。但是天体力学这门科学的问题在于如果拘泥于牛顿"范式"的话，就变成了单纯的计算科学，而不能得到很好的发展。大约在十九世纪就有学者说，天体力学只不过单纯的从事计算的工作而已。这样的话，天体力学便失去了它的魅力所在，变成了只是卖弄万有引力定律相关领域中的计算技巧而已，渐渐的这门科学对年轻人就不再有吸引力了。

当然，今天的我们仍然需要天体力学专家来计算人造卫星的相关数据，但这已经是技术层面的事情了。因为天文学这门科学只依靠观测却无法进行实验，换句话说正因为无法运用实验这种近代科学的有力武器，才导致了其落后于物理、化学等新兴现代科学。过去天文学曾作为牛顿范式的科学典型，而现今其在科学界的地位日趋下降，根基被动摇。对此，有人认为人造卫星是天文学对实验装置的首次尝试，而宇宙飞行则是天体力学开展的实验。但是人造卫星的出现并非重新审视天体力学，而仅仅是单纯的应

---

① 译者注：爱因斯坦(1879—1955)，犹太裔物理学家，被公认为自伽利略、牛顿以来最伟大的科学家、思想家。1915 年创立广义相对论。1915 年提出广义相对论引力方程的完整形式，并且成功地解释了水星近日点运动。因在光电效应方面的研究，被授予 1921 年诺贝尔物理学奖。

用。倒不如说,人造卫星只是给天体力学,特别是天体物理学带去了在地球上无法得到的新观测成果,而人造卫星本身也并不是什么新天体,既然这样,称其为天文学实验还是有些言过其实吧。

第七章　望远镜的故事

　　翻开科学史书籍,就会发现,正如地心说被日心说所替代,牛顿力学被发现,形成后又让位给爱因斯坦的相对论,作为人类思维方式演变史的科学史前后交替,发展迅速。毫无疑问科学就是人类通过大脑捕捉自然的学问,其中人类的思维方式起决定性作用。但如果只是这样的话,科学史和哲学史就没有什么区别了。其实并非如此,科学和哲学还是不一样的,科学史中蕴含着哲学史中所没有的内容,主要就是实验和观测工具。

　　望远镜或是显微镜被制造出来之后,通过对这些仪器的使用反过来改变了人类的思维方式,在科学史上,这类例子不胜枚举。如果无视这些的话,根本无法准确极致地描绘出真正的科学发展史。望远镜,它让人类得以向着无法用肉眼看见的宇宙进发,并因此引发人类宇宙观发生了质的变化。显微镜,它让人类得以探索微观世界,同样深刻地影响着人类的思维方式。从这些观点来看,与其说是日心说和牛顿力学创造了近代天文学,不如说是望远镜。

　　在普通人眼里,望远镜可谓天文学家的象征了。如在哥白尼的雕像中,他的身旁就放置着一架望远镜。当然这是后人通过想象描绘的场景,在哥白尼的时代并没有望远镜,因此他自己也从未通过望远镜眺望过星空。据说最初是伽利略将望远镜用于天体研究的。根据他在 1610 年撰写的《星空信使》[①]一书可知,伽利略在听闻荷兰有人发明了望远镜后,反复思考其原理,并将其设计改造为可供观测天体使用的望远镜。因此准确地说伽利略虽不是望远

---

　　① 译者注:《星空信使》为意大利著名科学家、被誉为"近代科学之父"的伽利略的作品。其中记载了望远镜发现的历程。

镜的发明者,但可以说他是最先利用望远镜从事在科学史上具有重要意义的研究,并将其成果展示给世人的人。

当伽利略用望远镜观测木星时,他惊讶地发现在木星的周围还有卫星围绕其运转。他认为这就和以地球为首的各行星围绕太阳运转一样,这也让他更加坚信日心说。这项发现在当时社会引起了巨大轰动。无论是谁,听说了这一消息都想亲自去看一下望远镜。虽然也有科学家拒绝使用望远镜,认为伽利略所眺望到的宇宙只不过是通过透镜形成的虚像而已,但是对于不受学派偏见影响的普通人来说,这是一项能够激发人类想象力的伟大发明,因此它在普通人中广泛传播,没有多长时间望远镜便被传播到中国乃至日本等国家。伽利略制作的望远镜现在被保存在佛罗伦萨博物馆——通称伽利略博物馆。该望远镜直径 38 毫米,焦距 1280 毫米,30 倍倍率,是现在连小学生都能动手制作出来的小型望远镜。但没多久他就制作出更大一点的望远镜了,得到这种新型武器的人们痴迷地将它对准星空,开始观测月球表面和各行星。当然它也被用于地面上的军事活动。

为了提高观测的准确性

通过望远镜能够观测到的天体还是有限的。能观测到的首先是月球表面,然后是各行星以及其卫星,要是使用太阳镜的话还能进一步观测到太阳黑子,但不管怎样只能观测到太阳系内现象。即使将望远镜对准恒星,和肉眼一样也只能通过望远镜看到一个点。如果只能够用来赏月和眺望行星的话,望远镜在十年、二十年间内很快就会把能观测到的天体一网打尽,在这之后望远镜就再无法为天文学的发展贡献力量了。之所以说望远镜是促使近代天文学产生的最大武器,因为它的使用范围并不局限于此,更重要的是它还能够用于观测天体的精确位置。

伽利略使用的望远镜因为目镜是凹透镜,所以可以得到正立像(图7-1),适合用来观测地面物体。但是开普勒等人用的目镜是凸透镜,这样的话,得到的是呈倒立的像(图7-2),这不但不会妨碍天文学观测,反而有很大好处。也就是说当目镜是凸透镜时,物镜成像于目镜前,正好在这个地方用蜘蛛丝伸展成十字形的话,就能够精确地确定天体位置了。这样一来,得益于望远镜的发现,人们大大提高了观测天体方位的精度。

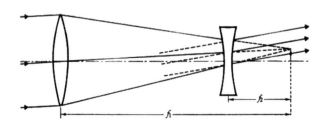

图 7‐1　伽利略式望远镜

f_1 指物镜、f_2 指目镜的焦点距离,像是正立像。

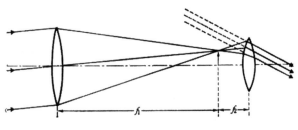

图 7‐2　开普勒式望远镜

像是倒立像。

　　现在,让我们来试着回顾一下这段历史吧。被誉为古希腊最著名的天文学家的喜帕恰斯①,在公元前二世纪制作了一张恒星表,用角数来衡量这张表的话,精度在(1/15)°左右。十六世纪的第谷·布拉赫②使用了巨大的四分仪③等工具将精度提高到(1/60)°左右。但是仅仅凭借肉眼观测的话,能够提高的精度还是有限的。现代人和古人相比眼睛并无什么变化,观测精度就算提高也进步

----

　　① 译者注:喜帕恰斯:(约公元前190—公元前125),古希腊最伟大的天文学家,首次以"星等"来区分星星。发现了岁差现象。方位天文学的创始人。

　　② 译者注:第谷·布拉赫:(1546—1601),丹麦天文学家和占星学家。第谷编制的一部恒星表相当准确,至今仍然有价值。

　　③ 译者注:四分仪:航海者在海中找到船只纬度的一种工具,它可以观测太阳借以准确测量天顶的高度角,也可求得夜间北极星的高度角。

不到哪里去。按道理来说将观测工具放大 10 倍的话,可以提高一位数的精度,但是要制作这么大的观测工具非常困难,即便使用测微尺①这样的工具,在观测时也会受到各种各样的条件限制,所以提高精度绝非易事。

十七世纪,用肉眼观测得到数据精度最高的是一个叫作赫维留②的天文学家,虽然当时望远镜已经被发明出来了,但是他仍然坚信肉眼观测得到的数据要比望远镜看到的来的准确,他将观测精度提高了(1/120)°左右。后来,佛兰斯蒂德③将测微尺内置于望远镜中用于观测,这大大地提高了观测精度,使得观测精度上升到(1/360)°左右。这之后,十八世纪的布拉德利④又将观测精度提升到(1/1800)°,并因此发现"光行差⑤"现象。到了十九世纪,贝塞尔⑥的观测精度达到了(1/18000)°,这样的话就能够准确观测到验证哥白尼学说所需的必要条件即周年视差⑦现象。也就是说已经达到了能够测量两个相距较近的恒星间的距离的水平了。

贝塞尔的工作主要是在十九世纪前期展开,到了十九世纪中期就变成了通过拍摄照片来观测天体运动了。代替以肉眼通过望远镜观测天体,这种观测方式就是先拍摄照片,在之后冲洗成像的基础上利用圆规等来进行精密的测量,以此将精度提升至(1/36000)°。这之后,到了十九世纪末,通过利用长焦望远镜成功将精度提升至(1/144000)°。望远镜并非只是单纯地通过加大倍率来提高精度的测量工具。即使是高倍率,但是成像模糊的话也没有任

---

① 译者注:测微尺:分目镜测微尺和物镜测微尺(镜台测微尺)。目镜测微尺:测量视野中的物体长度;物镜测微尺:是标准长度,用来标定目镜测微尺。

② 译者注:赫维留(1611—1687),波兰天文学家。赫维留星图中恒星的位置全部来自他自己的观测资料,他还出版了包括 1564 颗肉眼可见的恒星的星表。赫维留的星图和星表的精度达到了肉眼观测的极限,他的星表也是最后一部用肉眼观测的星表。

③ 译者注:约翰·佛兰斯蒂德(1646—1719),英国天文学家,首任皇家天文学家。著名的佛兰斯蒂德命名法即是由约翰·佛兰斯蒂德所发明。

④ 译者注:布拉德利(1693—1762),英国天文学。最早发现了章动。

⑤ 译者注:光行差:指在同一瞬间,运动中的观测者所观测到的天体视方向与静止的观测者所观测到天体的真方向之差。

⑥ 译者注:贝塞尔(1784—1846),德国天文学家,数学家,天体测量学的奠基人之一。

⑦ 译者注:周年视差:地球绕太阳周年运动所产生的视差。

何意义。必须要重视的是分辨率。所谓分辨率即能够清楚准确地确定各个星球的位置，物镜的焦点越长，分辨率越高。

像这样，精度不断提高之后，各种未知的现象也相继被天文学家们发现。地球的纬度发生变化也就是因为天体测量的精确度不断提高而被发现的。

伽利略、开普勒等人使用的望远镜都是通过组合透镜而制作出来的，其实还有一种原理与之完全不同的望远镜。与利用透镜的折射原理制作成的折射望远镜相比，后者被称为反射望远镜，此种望远镜不使用透镜，而是利用物镜的反射来实现望远镜的机能。以笛卡尔为首，很多人论证过这个原理，但是成功发明这种望远镜的人是牛顿（图 7 - 3）。此后，这两种望远镜都被运用于天文学领域。

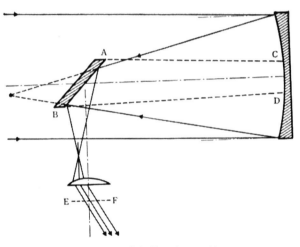

图 7 - 3　牛顿的反射望远镜

关于像差^①的问题

那么折射望远镜和反射望远镜各自的优缺点又是什么？在说

---

　　① 译者注：像差：实际光学系统中，由非近轴光线追迹所得的结果和近轴光线追迹所得的结果不一致，这些与高斯光学（一级近似理论或近轴光线）的理想状况的偏差，叫作像差。

明这之前,我们必须要先了解下对于光学系统来说必不可少的像差现象。像差的种类繁多,首先我们来了解下色像差①。我想大家都曾有过这样的体验,让太阳光穿过普通简易的单透镜,所成像的边缘看上去就像七色彩虹一样。这是因为不同颜色的光,其折射率也会有微小的差异。红色的光折射率较小,蓝色的光折射率较大,所以蓝色的光成像于较短的焦距点上,偏离了红光成像位置(图 7 - 4)。这就是由于色像差产生的现象。下面我们来说说球面像差②。正如图 7 - 5 所示,因为照在透镜中央的光和照在周围的光,其成像点会发生偏离。因此,光通过透镜所成的像不清晰而呈模糊状。这种现象可以通过几何光学③计算出来,计算可知像素也就是成像的模糊程度与透镜口径数值的立方成比例。这是用过相机的人都知道的原理,其原理是通过增大光圈减小透镜口径,可得清楚鲜明的像。相反,减小光圈的话,成像就模糊不清。还有一种是彗形像差④。球面像差只涉及从正面投射与透镜成直角的光,那么从斜方向射入的光呢? 如图 7 - 6 所示,成像并不集中于一点。当太阳光穿过透镜时,太阳光方向正好是倾斜从斜方向射入的话,它所成像正好与彗星的尾巴形状类似,而这种现象就被称为彗形像差。它成像的模糊程度与透镜口径数值的平方成一定比例。

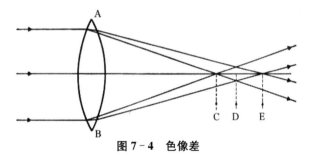

图 7 - 4　色像差

C 为蓝色光,D 为黄色光,E 为红色光的焦点

---

① 译者注:色像差:简称"色差"。通过实验可以得知各色光均有不同的"色像差"。

② 译者注:球面像差:因球面镜片所产生的像差称为球面像差。

③ 译者注:几何光学:光学学科中以光线为基础,研究光的传播和成像规律的一个重要的实用性分支学科。

④ 译者注:彗形像差:被定义为偏离入射光孔的放大变异,简称彗差。

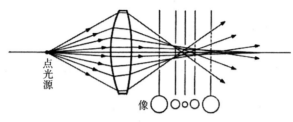

图 7 - 5　球面像差

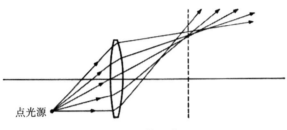

图 7 - 6　彗形像差

　　以上介绍的都是与透镜相关的像差问题,那么反射镜又是怎样的呢？在上述情况下是不会产生色像差现象的。根据光的颜色也就是波长的不同,折射率虽有所差异,但反射率是相同的。再者反射镜也不会产生球面像差现象。要是抛物镜的话,在焦点处成像清晰鲜明。但如果是反射镜的话,彗形像差现象明显。从斜方向射入反射镜的光不能够汇聚一点,且成像清晰度远不如透镜。

　　要是将透镜和反射镜进行对比的话,就会发现透镜会产生各种各样的像差现象,而反射镜则不用担心这些;但是对于反射镜来说,从斜方向射入的光成像效果会很差。所以说反射望远镜缺点在于其比折射望远镜视线范围窄。因此,要是需要观测的视野较广时,反射望远镜就不是很合适了。

　　像差现象一直困扰着天文学家。使用单透镜的折射望远镜,色像差现象会引起本质性的不好影响。因为透镜的折射率越大,其色像差现象也就越明显,所以可以选用长焦距的透镜。望远镜的倍率即以目镜的焦距除以物镜的焦距所得数值,为了尽量不影响望远镜的倍率,而且想要减少色像差现象的话,就必须要选用长焦距透镜。基于以上原理,望远镜就变成了有着长镜筒的大型天体研究工具。因此在十七世纪占主流的单透镜折射望远镜也越来越长，不久就达到了最上限，于是人类转而迎来了反射望远镜的时代。

对于反射望远镜来说，将镜子做得比透镜大在技术层面上是很容易办到的。十八世纪，威廉·赫歇尔[①]使用铜锡2∶1配比而成的合金铜镜制作出直径1.2米的大型抛物镜。在十八世纪，可以说反射望远镜比折射望远镜更加有优势。但是正如先前所说的，反射望远镜的观测视野并不开阔。为了满足当时天文学发现天体的观测要求，其可观测视野越广阔越好。于是，1758年发明出了消色差透镜[②]。也叫复合透镜，就是利用不同材料合成，通过将两种折射率不同的玻璃透镜组合设计而成，以此来消除色像差现象。消色差透镜的出现对于天文学家来说是天大的好消息。与此同时，基于几何光学的像差研究也有所进展，伴随着十九世纪前半段玻璃工业的发展，大块的折射率各异的纯透镜被制造出来。因此十九世纪利用消色差透镜制作而成的折射望远镜成为时代主流，特别是在十九世纪中期至末期达到鼎盛。

天体望远镜必须要满足两个条件。一是它的分辨率要好。外行人一听到望远镜就立即会想到倍率问题，但实际上这并没有那么重要。正如先前所述，自十九世纪后半期开始，摄影业飞速发展，只要是拍好了的照片不管想放大多少都可以，因此望远镜的倍率并不是其本质问题。比起倍率的高低，不如说照片是否清晰，即像素是否高更加重要。这就跟影像模糊的照片不管怎么放大也没用是一个道理。

其次重要的是明度，正是因为明度，人类才得以捕捉到用肉眼难以观察到的遥远的银河系以外的星云。通过望远镜捕捉到微弱的光在天文学观测中是特别重要的。

通过实验可知，像素与望远镜口径大小成反比，也就是说如果望远镜的口径过大，其像素就会降低。但是另一方面，根据几何光

---

① 译者注：威廉·赫歇尔(1738—1822)，英国天文学家。恒星天文学的创始人，被誉为恒星天文学之父。

② 译者注：消色差透镜：由两种不同材质的透镜组合而成，消色差透镜的用途是把两种不同颜色的光聚焦到同一点，或称为修正色像差。

学法则,明度的高低与口径的平方成正比。要同时满足这两个要素还是很困难的。因此,折射望远镜以优质的分辨率著称,而反射望远镜则以能够捕捉微弱的光线见长。在技术方面,到十九世纪末期,人类发明了给用玻璃制作的反射镜镀银这项技术,所以进入二十世纪后反射望远镜一下子快速发展起来,逐渐代替折射望远镜成为这个时代主流的天文探测工具。

折射望远镜和反射望远镜的优缺点

在此,我想总结归纳下折射望远镜和反射望远镜的优缺点。折射望远镜受球面像差现象的影响无法扩大口径,口径小则分辨率较高。所以长焦距的折射望远镜主要用于探索并研究星体间的分离的天体,是准确测算天体方位的工具。而实际上,在技术层面上想要将透镜的直径放大还是相当困难的。因为受彗形像差现象影响比较小,所以和反射望远镜相比,折射望远镜可观测的视野开阔,有利于搜索天体。因此可以说折射望远镜是符合方位天文学①研究需求的观测工具。

而另一方面,从技术层面上来说,想要制作大口径的反射望远镜比较容易。口径越大明度越大,能够捕捉到遥远银河系外星云等的光越多。再者,根据十九世纪后半期开始盛行的光谱分析研究,为了研究调查星球的天体物理性质,必须要尽量多收集星球的光。另一方面,反射望远镜受彗形像差现象影响较大,其观测视野受到一定限制。因此,反射望远镜能够满足宇宙论②和天体物理学③的研究需求。

而这也正好反映出天文学不同的研究领域。到十九世纪为止,天文学主要以研究天体力学和天体探测为中心,因此需要准确

---

① 译者注:方位天文学:天体测量学的分支学科。主要内容研究和测定各类天体的位置、自行和视差。

② 译者注:宇宙论:又称宇宙学是对宇宙整体的研究,并且延伸至探讨人类在宇宙中的地位。

③ 译者注:天体物理学:既是天文学的一个主要分支,也是物理学的分支之一,它是利用物理学的技术、方法和理论来研究天体的形态、结构、物理条件、化学组成和演化规律的学科。

知晓星体的位置。十九世纪的天文学是以折射望远镜为主导的天文学就可以证明此点。1897年在美国的威斯康星州威廉斯贝,作为芝加哥大学的设施在叶凯士天文台建造的世界上最大的折射望远镜——一架有40英寸口径的望远镜。40英寸约合102厘米。另一方面,进入二十世纪后,因为反射望远镜飞速发展,逐渐代替折射望远镜,在这样的背景下,天体物理学的发展速度不断超越方位天文学和天体力学,可以说是望远镜的变化发展促进了天文学研究重心的转移。

通过望远镜的发展变迁,我们可以如实地发现即使是像天文学这种远离世俗的科学研究也能够反映社会变迁。使用大型望远镜研究宇宙构造,这样的巨型望远镜时代的来临和美国垄断资本格局的形成可谓步调一致。关于方位天文学和天体力学方面的研究,科学家们从很早以前就使用长焦距折射望远镜,通过美国海军天文台等这样的政府天文台一直不间断地收集着天文数据。但是从十九世纪末期开始美国通过垄断资本持续加大资本的积累。像卡内基和洛克菲勒①这样的财阀非常有名,当时的美国既没有所得税政策,也没有《垄断禁止法》,所以大财阀们飞速地积累了财富。

与此同时,美国作为移民国家,新到来的移民者构成了社会底层,这些移民劳动者和前面叙述的大资本家在生活质量上存在天壤之别,而这成了引发社会不安定的源头。因此在还没有工会运动的当时,垄断资本家们为缓解社会的不安定现状采取了有效的对策,即开展慈善事业。科学研究也受益于此,得到了社会资金的慷慨捐助。

巨型望远镜正是这类捐助的合适对象。在捐助者看来,通过制造世界屈指可数的望远镜而令自己名垂青史,是宣扬自己为推广学术文化贡献力量的绝佳时机。因此,在这样大资本家的援助下,美国迎来了大望远镜时代。在十九世纪末的折射望远镜时代,已经出现了像芝加哥的大资本家叶凯文这样捐助最大折射望远镜的人,他通过贪污和收购等手段获得了巨额不正当资金。他冠名

---

① 译者注:卡内基和洛克菲勒是19世纪90年代美国商界超级大佬级人物,卡内基为当时商界头号人物,号称"钢铁大王",洛克菲勒为二号人物,号称"石油大王"。

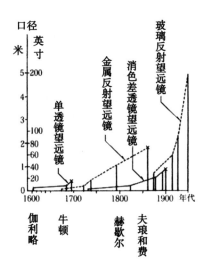

图 7 - 7 天体望远镜的发展（摘自平凡社出版的《理科词典》13 卷）

建造了叶凯文天文台,并在此制造安装了巨型望远镜,试图用这项功绩减少其罪名。大资本家捐赠建造的天文台有别于简陋的国立天文台,他们认为制造出的望远镜如果不是迄今为止世界最大的那就没有任何意义,所以大资本家们不断投资建设大型望远镜。其中著名的有卡内基于 1917 年投资威尔逊山天文台建造了一架直径为 100 英寸的望远镜,此后,洛克菲勒于 1948 年在帕洛马天文台投资制造了一架直径为 200 英寸的反射望远镜。正是多亏了这些大型望远镜的建造,天文学的研究发生了翻天覆地的变化,天体物理学和研究银河系星云的宇宙论获得了丰富的数据而不断发展。

但是,如果有地球大气污染、城市光污染等干扰因素的存在,不论望远镜的口径多大都没用。因此,天文台大多建造在空气清新洁净的高山上,而且从技术层面来说望远镜口径的增大也是有上限的。望远镜并非越大性能就越好。现在的重心开始往以下这些方向转移,比如像是改良观测用的感光板的感光度,又或是运用电子学知识改良测光装置等。到了二十世纪八十年代,在美国开展的天体观测活动中,并不只是把望远镜的口径作为影响研究的要素,而是更加重视测光装置等的精密度。

视野相对广阔的折射望远镜因为受彗形像差现象的影响,其观测视野也有一定限度。本来就是用于拍摄无法用肉眼看见的景象,所以叫作摄影范围。在摄影范围广这一点上,人们发明出了具有跨时代意义的望远镜,它就是施密特照相机[①](图7-8)。在球面镜对面放置由多维曲面镜构成的补偿器,以此消除球面像差和彗形像差,扩大摄影范围,令通过广角探测天体的做法成为可能。这种施密特照相机在开始发射人造卫星的二十世纪五十年代后半期十分流行。因为最初影响人造卫星轨道的要素(决定轨道的基本数据)并不十分稳定,所以为了捕捉人造卫星运行情况,需要使用广角的施密特照相机,包括日本在内的世界各国都配备了施密特照相机并用其观测人造卫星的运行轨迹。

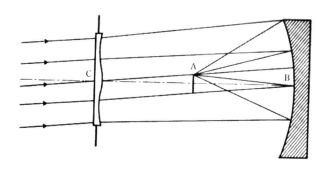

图7-8　施密特照相机的原理图
B是球面镜,C为补偿器。球面像差因此被消除,成像在A,与碗形胶卷相连。

但是,到了二十世纪前半段,代表时代繁荣的大型望远镜以及其所属时代也已经达到极限,日渐衰落。迄今为止天文学的观测手段基本上都仅限于捕捉可见光,但是今天人类已经超越了可视光线范围,进军电磁波等领域。最初,二战后繁荣发展的射电天文学[②],以无线电代替光,使用雷达也就是射电望远镜[③]来捕捉天体

————————

① 译者注:施密特照相机:主要用于拍摄天空照片的一类光学望远镜——实际上是一种广角照相机,这种望远镜是爱沙尼亚人伯恩哈德·施密特于1930年发明,它的主镜是球面镜。

② 译者注:射电天文学:天文学的一个分支,通过电磁波频谱以无线电频率研究天体。

③ 译者注:射电望远镜:指观测和研究来自天体的射电波的基本设备,可以测量天体射电的强度、频谱及偏振等量。

运动。如此一来,通过射电望远镜可以轻易得到原本通过研究可见光而无法了解的部分。进一步说,还可以发射人造卫星并利用 X 射线观测宇宙,能够看见宇宙的另外一番模样。天文学家的研究重心渐渐延伸到了可见光以外领域,现在科学家们的兴趣点已经脱离可见光了,所以大型望远镜时代也渐渐成了过去式。

第八章　天体物理学

天体的物理性质

可以说天文学史上，十七至十九世纪是属于天体力学的时代。1835 年哲学家奥古斯特·孔德①出版了《实证哲学教程》，他在书中将天文学定义为研究天体位置及其运动的科学。而这正是天体力学的定义。也就是说，天文学的主要研究方向是研究太阳系的天体位置及其运动，虽然十八世纪以来，通过大规模探测天体，人类也开始研究恒星还有星云等相关宇宙论，但总体而言并没有走出方位天文学和天体力学范畴，还是将天体作为质点来研究的。

孔德在这本书中还写道：我们对于地球以外的天体的化学构成一无所知。实证哲学是一种不掺杂任何随意空论和想象事物的思想，是科学的组成部分，这种科学仅由可靠准确的知识积累而成，所以他将关于遥不可及的天体的组成以及性质的研究当作神话、荒诞故事等想象产物加以排斥。确实，正如孔德所说，当时的人类没有任何办法了解天体的物理性质。若是太阳或者月球的话，尚可以通过视觉感知做出简单推论。例如人们曾猜测：太阳是燃烧着的所以温度应该很高，月球只是反射太阳光所以应该比较冷吧。但是若谈及行星的物理性质，则无从推断了，又或是即使运用望远镜也只能看见一小点的恒星，对于它怎样发光等一系列问题，人类找不到任何线索。那些能够帮助我们探求天体的物理性

---

① 译者注：奥古斯特·孔德(1798—1857)，法国著名的哲学家、社会学和实证主义的创始人。著有《实证哲学教程》。

质的各种工具是在十九世纪中期以后才出现的。

在这些工具中主要有三类,第一是照相技术,第二是测光装置,第三也是最重要的是光谱分光观测装置。我们先来说一说照相。1839年法国人达盖尔①发明了用银版拍摄照片的银版照相法②后,天文学家们立即将其运用于太阳和月球观测上,用其拍摄月食、日食和太阳黑子等现象。甚至可以说天文学家对初期照相术的发展做出了巨大贡献。正是由于在天文学领域的相关应用,给照相术创造出了单纯拍摄纪念照片所无法比拟的、广阔的发展前景。

通过照片的观测优于肉眼观测,这是谁都不会否认的事实。首先是因为照片具有客观性。在肉眼观测的情况下,有可能会夹杂个人的操作错误或是错觉。如有个叫罗威尔③的美国人,他认为在火星上有一条类似运河的线条状东西在运动着,并将肉眼看见的景象画成图,但是其他天文学家在观测后都没有发现类似运河的东西,因此罗威尔招致了很大的非议。正因为仅凭肉眼观测,那其实是罗威尔产生的错觉。如果拍成照片,即使大家对干板④有所争议,照片也能作为客观证据说服他人。

第二,虽然肉眼也是可以捕捉到天体瞬间的变化景象,但要是拍成照片的话,就可以作为记录永存下来。正因为有了照片术,我们能够拍摄很多星球照片,这为将来进行细致的研究,分析它们间的位置关系等问题打下基础。照片的一大的好处就是具有像这样的记录性和记忆性。

第三,照片可以长时间曝光。像恒星和银河系以外的星云,它

---

① 译者注:达盖尔(1787—1851),法国美术家和化学家,因发明银版照相法而闻名。

② 译者注:银版照相法:公认为它是照相的起源。由达盖尔发明于1839年。在研磨过的银版表面形成碘化银的感光膜,于30分钟曝光之后,靠汞升华显影而呈阳图。用这种方法拍摄出的照片具有影纹细腻、色调均匀、不易褪色、不能复制、影像左右相反等特点。

③ 译者注:罗威尔(1855—1916),美国商人和业余天文学家,1894年他在亚利桑那州的沙漠中自建了一个天文台,发表了许多他自认为火星运河的图像,他还因为海王星的运行轨道不规则,推算出一颗未知行星的轨道,在他死后14年,另外的人发现了冥王星。

④ 译者注:干板:表面涂有感光药膜的玻璃片,用于照相。也叫硬片。

们的光微乎其微,即便使用大口径的望远镜也不一定能观测到比较亮的图像。但是照片的话,就可以让它持续曝光好几小时,在这个时间段中积蓄光,这样就可以在干板上留下比较清晰的图像了。当然因为天体是围绕太阳旋转的,要是长时间曝光拍摄的话,就要用到赤道仪①这样的装置了。它是以极轴为中心,与行星公转速度相同,只要使用一种特殊的时钟装置,一天只要转动望远镜镜筒一次,哪怕是曝光一夜,也能得到清晰的图像。长时间曝光拍摄的话,因为在这期间,只有行星、彗星等太阳系天体会运动,所以可以通过干板上的照片区别它们和恒星。

以上是开展方位天文学研究的先决条件,但要进一步说到其对天体物理学的贡献的话,一定要提的是它成功收集并展示了天体发光强度这个最基础的数据,这个数据是通过在照片干板上留下的星球的图像大小或是黑暗的程度来表示的。天体的亮度是通过其作用于干板上的能量来呈现的,天体的能量越大,其在干板上映射出来的像就越大越黑。要是将照片干板上映射出来的图像放在测光装置上的话,即使是迄今为止只是通过经验了解到发光强度改变的新天体或是变光星,也可以重新对其进行定量分析。进一步说,只要通过使用大口径望远镜,增加曝光时间,改善照片干板的感光度,改良测光装置等,即使是发光微弱的天体也可以测定其发光强度。

在这里,我还想和大家分享下天体发光强度的表示方法。天体可以通过发光强度来分级。希腊的喜帕恰斯,他将最明亮的20颗恒星定义为一等星②,将肉眼观测亮度最弱的恒星定义为六等星,在这个区间内将亮度等分,评定等级。后来,托勒密又将一等星的亮度区进行三等分,近代以来阿格兰德③又将一等星的亮度区进行十等分,并逐个区分。但是这些都是依赖个人肉眼观测的结

① 译者注:赤道仪:是为了改进地平式装置的缺点而制作出来的。它的主要目的就是想克服地球自转对观星的影响。

② 译者注:一等星:恒星的亮度和它的温度有着密切的关系,用肉眼我们就能区分出恒星间的不同亮度,古代人类按照这种光亮程度的不同,将星光分为 6 个等级,1 等星最亮,而 6 等星最暗。

③ 译者注:阿格兰德(1799—1875),东普鲁士天文学家,因使变星研究成为天文学一个独立分支和他所编的巨大星表著称。

果,并无客观标准。

后来通过照片和测光技术就可以客观地测定天体的亮度。所以 1856 年在普森①的倡导下,天文学家重新确立了亮度的定义。首先,设定一等星和六等星之间亮度相差 100 倍,在这区间内将二至五等星的亮度按照等比数列划分。依据心理学费希纳定律②我们可知,通过感觉将亮度成倍划分时,亮度差的排列不是由等差数列而是等比数列构成的。每个等级星间的差是 100 的五次方根,也就是 2.512 倍。简单地说就是数值越大,亮度越大。从喜帕恰斯到赫歇尔,已经使用六等星分类法积累了大量天体相关数据,因此没有办法随意舍弃这个分类法。所以天文学家只是对之进行了改良,使其更具客观性、近代性,并沿用至今。根据此定义,太阳的亮度为 -26.72 等星,满月为 -12.5 等星,被认为是恒星中最亮的天狼星③的亮度是 -1.6 等星。

其实,用肉眼观测的天体亮度和照片拍摄的天体亮度有时并不一致。因为从人眼视网膜的性质来说,肉眼最容易感知到波长为 528 毫微米的光,而照片的话,现在的干板是能感知各波段上的光,人类甚至都制造出了可以感知红外线和紫外线的干板,但是在二战前摄影爱好者们都知道,过去的干板与肉眼相比更加容易感知蓝色的光,其中又最容易感知到波长为 425 毫微米的光,与肉眼观测相比确实是更容易感知接近蓝色的光。过去为了修正照片的此类现象,会使用黄色滤镜。因此,在依据恒星亮度分类时就会出现视星等 Mv 和照片星等 Mp④ 两种,它们之间多少会有些偏差。也就是说肉眼较容易感知到红色天体,而照片更容易感知到蓝色

---

① 译者注:普森(1829—1891),英国天文学家首次提出采用"等级法"研究变星,建议把相邻两个星等的亮度比值定为 2.512,这一星等体系一直沿用至今。
② 译者注:费希纳定律:是表明心理量和物理量之间关系的定律。把最小可觉差(连续的差别阈限)作为感觉量的单位,即每增加一个差别阈限,心理量增加一个单位。感觉量与物理量的对数值成正比。适用于中等强度的刺激。
③ 译者注:天狼星:属大犬座中的一颗一等星。虽然远远暗于金星,木星等行星,但它是夜空中最亮的恒星,冬季前半夜为最佳观测时间。
④ 译者注:视星等:指观测者用肉眼所看到的星体亮度。视星等的大小可以取负数,数值越小亮度越高,反之越暗。照片星等:指通过拍摄到的星体照片评定的星体亮度。

天体。表达这两种星等间的差的叫作色指数①，如此一来就可以表示天体的颜色了。

在现代，使用光电测光装置可以精密测量到 0.001 星等的光。即使是再微弱的光也可以通过电子仪器放大来测量，因此就连肉眼无法看见的二十星等也可以准确测量出来。除此之外，照片还可以测定出肉眼看不见的红外线、紫外线、X 射线等电磁波，但是在地表，红外线等会受水蒸气影响，而上层大气中的臭氧层则会吸收紫外线，这都会影响观测结果，所以我们会发射火箭或是人造卫星，利用其进行观测。

刚才我讲的星等都是外观上的星等。天体看上去的亮度与其到观测者的距离的平方成反比，所以天体距离我们越远，看上去越是暗。因此为了表示天体自身的实际亮度，需要引入绝对星等②这个概念。它表示的是把恒星放在距地球 0.1 秒视差的地方测得的天体亮度。那怎样才能测算出我们与恒星的距离呢？这是一个很难的问题。但是随着望远镜分辨率的提高，已经能用三角测量法③测算出我们与太阳系周边恒星的距离了。将这个距离与外观上的亮度结合起来，就可以得到绝对星等了。当涉及遥远的恒星时，就要通过假定来推测距离，从而得出绝对星等的数值。

天体的光谱分析

下面我们就来说说对于天体物理学来说不可或缺的武器——分光观测。谁都知道太阳光通过三棱镜会被分解成像彩虹一样的各种颜色的光。夫琅和费④在太阳光谱中发现了暗线，并将其命名

---

① 译者注：色指数：同一天体在任意两个波段内的星等差（短波段星等减长波段）。

② 译者注：绝对星等：假定把恒星放在距地球 10 秒差距的地方测得的恒星的亮度，用以区别于视星等。它反映天体的真实发光本领。

③ 译者注：三角测量法：指布设一系列连续三角形，采取测角方式测定各三角形顶点水平位置（坐标）的方法。

④ 译者注：夫琅和费（1787—1826），德国物理学家。夫琅和费最具影响力的贡献是发现并研究了太阳光谱中的吸收线，即夫琅和费线。

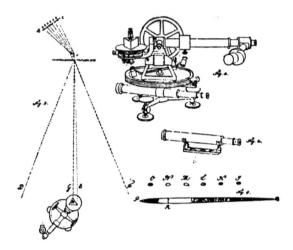

图 8-1　1811 年夫琅和费制作的光谱观测装置

为夫琅和费谱线。随后,1859 年基尔霍夫①鉴定出这种暗线中的 D
线与食盐(氯化钠)中提取出的明线光谱一致。基尔霍夫指出,任
何物质只要在温度升高的情况下就会发光,但与此同时也在吸收
着光,这样说来明线转变为暗线的"反转原理"就可以成立了,因此
也可以确定太阳中是有氯化钠存在的。其实,在当时的分光技术
条件下,像提取出光谱这样提取纯粹元素还是很困难的,所以早期
光谱研究的对象不是地球上的物质,而是将其应用于在超高温下
散发纯粹元素光谱的天体研究。如在日食时观测日珥和日冕②,并
对其进行光谱分析的话,就会发现其中包含了在地球上元素中还
未能发现的部分光线。因此 1868 年,人们认为发出这种光线的元
素地球上并不存在,是太阳所固有的,于是他们用希腊语中表达太

---

　　①　译者注:基尔霍夫(1824—1887),德国物理学家。他提出了稳恒电路网络
中电流、电压、电阻关系的两条电路定律,即著名的基尔霍夫电流定律(KCL)和基尔
霍夫电压定律(KVL),解决了电器设计中电路方面的难题。
　　②　译者注:日珥:在太阳的色球层上产生的一种非常强烈的太阳活动,是太阳
活动的标志之一。日冕:太阳大气的最外层(其内部分别为光球层和色球层),厚度
达到几百万公里以上。

阳的"氦"这个词给该元素命名。1895年拉姆塞①研究发现地球上也有氦这种元素。继"氦"元素被发现后，次年的1896年只在日冕中显现的光线也被人们发现，同样的，大家推断地球上也存在"氪"这种元素。但随着二十世纪理论光谱学和原子物理学的发展，"氪"这种元素被证明其实是铁在高强度电离作用下产生的物质，并不是新元素。

对天体进行光谱分析研究首先是从太阳开始的，到了十九世纪七十年代，哈金斯②等天文学家就开始研究恒星的光谱。最初天文学家们依赖肉眼观测光谱，但这种做法被1867年天文学家成功拍摄到天琴座③的光谱照片所打破。在此背景下，天文学家认为无论是何种天体发出的光谱都可以在地球物质中找到一模一样的，由此打开了探索各类恒星物理和化学组成及性质的大门。于是，天文学家们便开始研究所有恒星的光谱并对其进行分类。由于当时光谱学理论还不是十分发达，即使进行分类也是通过非常主观的经验论，依据外观对光谱类型进行分类。并据此将光谱分为B、A、F、G、K、M、N等类型。此后，天文学家证实了在这些光谱类型中，B和A型光谱富含氢和氦的吸收线，F和G型光谱中钙和钾的吸收线很强，K、M和N型等光谱中含有金属以及化合物的吸收线，同时光谱的类型还与恒星的温度有关。由于德伯雷④等人积累了大量数据，并对光谱进行分类，制作出星表，所以才建立起了完备的理论基础。至今人们仍然使用这种光谱型分类方法。

可以说天体物理学与光谱学有着无法割裂的联系，更可以说是天体物理学不断推动和促进了光谱学的发展。当今国际知名的天体物理学杂志——《Astrophysical Journal》就将"光谱学和天体

---

① 译者注：拉姆塞（1852—1916），英国人著名化学家，因发现氩、氖、氪、氙、氡等气态惰性元素，并确定了它们在元素周期表中的位置，而获得1904年诺贝尔化学奖。

② 译者注：哈金斯（1824—1910），英国天文学家、皇家天文学会会员，哈金斯与他的妻子玛格丽特•林赛•哈金斯都是光谱学的先驱。

③ 译者注：天琴座是北天银河中最灿烂的星座之一，因形状犹如古希腊的竖琴而命名。

④ 译者注：德伯雷（1837—1882），美国医生、业余天文学家，首先拍摄恒星光谱，后又首次拍摄金星凌日及猎户座星云照片。

物理学专题杂志"作为其副标题。现在我们手上有的能够帮助了解遥远天体的物理性质的相关材料特别少，主要是依靠光谱来研究，其实通过对光谱的研究，我们发现了另外一个非常重要的特性。它就是多普勒效应①。多普勒效应就是指随着发出声音和光的波源与观测者之间距离发生变化时，波长也会发生变化，且偏离正规波长。如果要用天体与地面观测者的关系来解释的话，就是当天体不断远离观测者时，天体发出的光的波长就会变长，且逐渐向红色光谱移动；当天体不断靠近观测者时，光就会朝着相反的蓝色光谱方向移动。在学生时代我们为了记忆这个特性，做了如下的比喻，好比学生在考试临近时就会脸色发青，考试过后就会肆意玩耍，喝酒喝到脸色红。如果我们将拍摄到的恒星的光谱与地球上的元素进行比对，就能捕捉到光谱偏离正常位置的情况。这表示天体在按视线角速度②运动。通过测量这个偏差值，我们就可以知道这个天体以怎样的速度在靠近或者远离我们。后来天文学家哈勃③发现所有的星云光谱都在向红色方向移动，也就是说，有红移④的趋势，这也成了宇宙爆炸论的最初证据。

　　光谱研究是以天体为对象展开并发展的，从光谱学研究中诞生了热辐射论、原子论、量子论，乃至量子力学这些组成二十世纪物理学的核心理论。此后，与其说是天文学家不如说是物理学家们提出的理论逐渐成为天体物理学的研究中心，并被广泛应用于天体研究中。首先来说说热辐射论，由于天体符合高温且具备黑体条件，科学家们推导出了普朗克辐射定律⑤，以及后来的维恩位

---

　　① 译者注：多普勒效应是为纪念奥地利物理学家及数学家克里斯琴·约翰·多普勒而命名的。主要内容为物体辐射的波长因为波源和观测者的相对运动而产生变化。

　　② 译者注：视线角速度：视线相对惯性空间的旋转角速度。

　　③ 译者注：哈勃(1889—1953)，美国天文学家，是研究现代宇宙理论最著名的人物之一，是河外天文学的奠基人。他发现了银河系外星系存在及宇宙不断膨胀，是银河外天文学的奠基人和提供宇宙膨胀实例证据的第一人。

　　④ 译者注：红移在物理学和天文学领域，指物体的电磁辐射由于某种原因波长增加的现象，在可见光波段，表现为光谱的谱线朝红端移动了一段距离，即波长变长、频率降低。红移的现象目前多用于天体的移动及规律的预测上。

　　⑤ 译者注：普朗克辐射定律：是公认的物体间热力传导基本法则，认为单位面积单位时间辐射功率和温度的四次方成正比，比值是 5.67×10^{-8} W·m^{-2}·K^{-4}。

移定律[①]和辐射定律[②]。对连续光谱的波长的强度进行分析,设强度最大的波长为λ_0,就可以推导出"$\lambda_0 T=$固定的常数"这个公式。其中T是绝对温度,那么从这个公式就可以推导出温度越高,带有最大强度的辐射的波长就越短,因此可以得出以下结论:蓝色天体温度较高,而红色天体温度较低。还可以进一步导出所有天体发出的辐射量的总和与T^4成正比这样的斯蒂芬定律[③]。热辐射是从天体表面散发出来的,所以它与天体的半径r的平方成正比例。因此天体的全部辐射能量L就与$r^2 T^4$成正比,这就是斯蒂芬-玻耳兹曼定律。我们来看下这个公式里的关系,如果L较大,T较小时,r就必须要变大。像这样看上去温度较低且亮的天体就叫作巨星、超巨星。相反,如果L比较小,T温度比较高的情况下,r就要变小。这样的天体温度高且看上去比较暗沉,就是相当于白矮星之类的天体。

赫罗图[④]就是通过L和T的关系来研究天体的物理学性质的方法,简称为HR图。在这个图中,纵轴代表绝对光度也就是绝对星等,相当于L。横轴作为与T相当的参数,代表光谱型。现如今,我们将光谱型和色指数、温度联系了起来,不过HR图是在这个理论提出前就已经被广泛使用了,所以虽然在一般情况下横轴应该是从起始点开始温度慢慢升高,但此图却相反,横轴是从左边开始按照温度降序排列光谱型,这个习惯一直沿用至今。

那么,把天体投射在HR图上就形成了图8-2。因此天文学家将图中倾斜走向的一群天体命名为主星序,将图上方基本呈水平走向的一群天体命名为巨星序。图左下方还有一群叫作白矮星

---

① 译者注:维恩位移定律:热辐射的基本定律之一。在一定温度下,绝对黑体的温度与辐射本领最大值相对应的波长$\lambda[1]$的乘积为一常数,即$\lambda(m)T=b$(微米),$b=0.002897$ m·K,称为维恩常量。它表明,当绝对黑体的温度升高时,辐射本领的最大值向短波方向移动。

② 译者注:辐射定律:即斯特藩-玻耳兹曼定律,物质的温度越高辐射部分中波长较强的部分主要分布就会向短波长的移动(波长越短波长的能量越高)。

③ 译者注:斯蒂芬定律:也即斯特藩-玻耳兹曼定律。

④ 译者注:赫罗图:是丹麦天文学家赫茨普龙及由美国天文学家罗素分别于1911年和1913年各自独立提出的。后来的研究发现,这张图是研究恒星演化的重要工具,因此把这样一张图以当时两位天文学家的名字来命名,称为赫罗图。

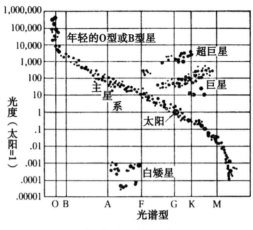

图 8-2 赫罗图

的特殊天体。这个图本来只是为了将天体的绝对光度和温度联系起来,并加以分类,后来天文学家却将其视为天体进化过程的演化。原本是这样解释天体的发生与发展的:天体首先是作为位于右上角的巨星开始发展的,慢慢收缩,由收缩产生的重力能量逐渐转化为温度后,天体向着图上左边方向移动。接下来在进入主星系后继续收缩,在收缩的过程中温度下降,最后到达图右下方位置。这样说来,太阳现在基本处在主星系范围的中段,所以其进化已经处于完成阶段的方向上,处于逐渐收缩时期。但是只用重力来解释说明太阳和恒星的一般能量是不够的。于是,也有人提出,就类似将煤作为燃料放进火炉中一样,流星等飞向太阳变成了燃料,通过化学反应产生了能量,诸如此类的说明还有很多,但不管哪一个解释说明,其理由都不充分。直到二十世纪二十年代,原子核反应理论被提出,科学家们才开始思考研究我们现在所说的氢的核聚变反应,并认为恒星的能量源正是源于氢的核聚变反应。与前面所说的正好相反,这个理论主要认为:天体首先是从 HR 图的右下角开始的,氢不断通过核聚变反应转变为氦,释放大量热量形成高温,天体逐渐向左上角方向发展。基于此说的话,太阳就是一颗仍处于成长期的年轻恒星。关于巨星序的解释则如下:正如图 8-3 所展示的那样,天体先是在 1 这一主星序的位置上,通过不断进行着将氢转变为氦的反应,其核心物质形成,发展到 2 的位置上后,天体的半径不断扩大,到了 3 的位置后,天体温度下降就变成了巨星了。接下来的 3 到 4 的变化就是巨星中作为核心物质的氦燃尽之后收缩。

图 8 - 3

　　最后,因为十九世纪以来不断发展的照片术、测光数和分光术这三类研究工具,天体物理学得以形成自身研究的重心,下面我们来总结一下。通过照片术,天文学家能够准确地测量三角视差①,进而确定距离。将通过测光技术测定的外观亮度与距离结合起来就可以得到绝对亮度。然后,通过光谱分光确定光谱型,进而确定温度,再将这个温度和绝对亮度结合起来就可以绘制出 HR 图。在此基础上,运用核聚变和核裂变等理论研究巨星和矮星等天体、恒星的产生、成长和灭亡的进化过程,并运用理论模型对其进行分析论证。以上所说的就是天文物理学的中心主题,即运用核物理学解释各个天体的进化全过程。科学家们进而从光谱中发现多普勒效应,以此证明了恒星向着视线方向运动,将这个结论与绝对星等结合起来考虑,运用广义相对论研究讨论银河系的漩涡状构造,宇宙膨胀等等,由此打开了研究宇宙论的大门。

　　第二次世界大战后,天文学的最前沿研究发生了很大的变化。

---

　　①　译者注:三角视差:是一种利用不同视点对同一物体的视差来测定距离的方法。对同一个物体,分别在两个点上进行观测,两条视线与两个点之间的连线可以形成一个等腰三角形,根据这个三角形顶角的大小,就可以知道这个三角形的高,也就是物体距观察者的距离。

带来这场变革的要素有两个。首先，与至今为止依赖可视光线观测天体的天文学相比，二战后的天文学拓展到了电波领域，运用射电望远镜①开展研究的无线电天文学②应运而生。第二方面就是成功发射了能够发挥更大效用的人造卫星。与只能在大气层下观测天体的天文学不同，人造卫星使得飞出大气层进入大气层外圈乃至宇宙空间中去观测天体运动成为可能。

这两种研究工具的开发对以下三个领域都产生了深远的影响。第一个是行星天文学的相关领域，因为开发了以上研究工具，科学家们得以详细研究在这之前人们一直无法了解的太阳系诸行星的物理现象。第二是天体物理学领域，以上工具为迄今为止研究天体从诞生到灭亡过程的天体物理学打开了新的世界。第三是不再局限于研究诸天体的一生，而是研究全宇宙是怎样变化，以上工具为研究宇宙论和宇宙进化论领域找到了突破口。

无线电天文学和射电望远镜

光是电磁波，这一点在十九世纪就被麦克斯韦③从理论上证明了，随后赫兹④也从实验上给出了验证。麦克斯韦的理论非常巧妙，他认为虽然存在着波长差，但是光也好，电波也好，都能用相同的方程式解释说明。电磁波中除了可视光线外，还有红外线、紫外线、X 射线以及 γ 线等，这种通过微波观察天体和宇宙的学科被称为无线电天文学。迄今为止只能通过光来被观测的宇宙，如果能通过不同的波长来观测的话，宇宙或许会展现出完全不同的新姿态。正因为这种神奇的魅力，才引发了二战后天文学家们研究无

---

① 译者注：射电望远镜：指观测和研究来自天体的射电波的基本设备，可以测量天体射电的强度、频谱及偏振等量。

② 译者注：无线电天文学：通过射电天文望远镜接收到的宇宙天体发射的无线电信号来研究天体的物理、化学性质的一门学科。

③ 译者注：麦克斯韦(1831—1879)，英国物理学家、数学家。经典电动力学的创始人，统计物理学的奠基人之一 。

④ 译者注：赫兹(1857—1894)，德国物理学家，于 1888 年首先证实了电磁波的存在。并对电磁学有很大的贡献，故频率的国际单位制单位赫兹以他的名字命名。

线电天文学的热潮。

前文讲述望远镜相关历史时已经提到,进入二十世纪后,因为大型反射望远镜的发明,天文学家的观测范围一下子扩大很多。特别是在1917年威尔逊天文台制造的卡内基望远镜,其口径竟达100英寸,正是因为有了这架望远镜,使得人们可以观测到宇宙的多个角落,将银河系外的"河外星云"世界也展现在我们眼前。在这里工作的著名天文学家哈勃,以天文台积累的成千上万的河外星云资料为基础,论证其分类和进化。后来他又通过分析这些光谱得出了红移现象,为宇宙爆炸论的提出提供了理论基础。宇宙一直在膨胀这是被人们所广泛认可的,而其证据只有一个,那就是人们观测到,距离越远的星云,其在光谱上的红移现象越明显。

这之后,在二战后的1948年,帕洛马天文台又制作了直径达200英寸的洛克菲勒反射望远镜并投入使用。天文学家们乃至全人类都对其饱含期待,希望凭此利器,能使人类的观测距离成倍增长,看到更加遥远的宇宙图像。但对于天文学来说,它并没有带来革命性的突破与进展。1917年的100英寸口径的望远镜的发明的确给宇宙观测带来了革命性突破,但是1948年发明的200英寸口径的望远镜,与100英寸望远镜相比只是在口径这个量上有所增大,并未带来质的飞跃。当然,在大型望远镜时代,人们都认为,大的望远镜肯定是好的,望远镜的口径越大自然也能够看得更远。但即使这样,从设计到制作花费十年之久的帕洛马望远镜并未带来任何的革命性的飞跃,要说它只是世界最大的望远镜的象征罢了也不为过。这之后,听说苏联也开始了实施制造口径超过200英寸、长达6米的反射望远镜计划,但一旦人们明白了大型反射望远镜的发展界限之后,人们就不会再对其寄予厚望了,在科学家中也并未受到关注。与之相比,二战后人们更加期待新型探测工具——射电望远镜。

人类第一次捕捉到宇宙天体发射的电波是在1932年,是由贝尔电话实验室一个叫作詹斯基[①]的人发现的。他将这个发现结果

① 译者注:詹斯基(1905—1950),美国无线电工程师。他对天电干扰问题的研究标志着射电天文学的诞生。

刊登在了无线电技术相关的一个杂志上,但遗憾的是天文学家们完全没有注意到这个发现。当时的天文学家们只是一味醉心于大型望远镜带来的研究成果,将电波当作是宇宙发出的杂音。对于以使用望远镜观察星空作为天职的天文学家来说,电波技术根本入不了他们的眼,同时他们也没有采集电波的经验。

检测电波的射电望远镜,由于天线的问题导致其分辨率较低,无法准确查明电波究竟是从何而来。电波的波长是可视光线波长的 100 万倍,这也直接导致分辨率较差。以二战前的技术水平,超过 10 度的电波源,科学家们就难以分离了。虽说是十多度,但在这个距离内可以放得下几十个月球。所以,以精密科学家自居的天文学家根本不把这种粗陋的数据放在眼里,这也不是没有道理的。

第二次世界大战开始后,电波观测技术突飞猛进。为了巩固防线,应对德军制造的 V1、V2 飞弹攻击,英国在海岸线上铺设了雷达网。像这样发达的电波技术在战争时期属于军事机密,不能对外公布,所以那个时代根本没有将射电望远镜用于宇宙探测的可能。电波技术在二战后得到解禁,天文学家们将战争之后不用的雷达借了回去,并将其用于天体观测,这才开始产生了无线电天文学的萌芽。可是,二战刚结束的时候,天文学家们还未能很好地掌握微波技术,所以除了相当一部分比较先进的天文学家,对于拉开无线电天文学大幕贡献较多的基本上还是电子工学、物理学等其他领域的科学家。他们并不属于以往意义上的天文学界,与其说他们是对天文学感兴趣,不如说他们更关心的是电波技术或纯物理学上的问题,他们都各自向自己所属的学会提交相应的报告,所以说电波天文学在起步阶段,并不是作为一个新的学科领域统一发展起来的。但是,二十世纪五十年代,通过这些科学家们的努力,研究数据不断积累,到了二十世纪六十年代,终于出现了无线电天文学相关的重大发现,在此背景下,科学家们在关于无线电天文学的学科领域、研究方法和研究目标等问题上达成了一致,一个学科就此诞生。

为无线电天文学的诞生贡献最大的要属受 V1、V2 飞弹攻击困扰的英国以及英联邦国家澳大利亚了,而剑桥和悉尼正是无线

「天」的科学史

电天文学发展的中心地区。二战后，获得这一信息的日本也计划在东京天文台引进无线电天文学相关研究，但在当时天文学家中没有人掌握电子技术，所以从外聘请了电力技术人员给予技术上的指导。

作为二战后不久的研究成果，人类能够通过射电望远镜来观测太阳系了。采用的方法是向行星发射电波，再接受行星反弹回来的电波进行研究，这正是应用了二战中为了抓捕敌机所采用的方法。天文学家们向流星、太阳和月球等发送电波，还向金星和水星发送微波。电波与可视光线不同，它可以穿过云层、雾霭，观测时完全不受天气影响。就连至今一直被云层覆盖、不显"真身"的金星，也可以采用电波探测其最表面，进而画出金星的地图。同时，科学家们还通过电波技术补充修正了金星和水星的自转周期。像这样将电波运用于太阳系和行星表面现象的研究，确实是将人们视野引入到了迄今为止尚未接触过的领域，但是不久后这都被行星探测器观测到的详细数据所替代，射电望远镜也渐渐淡出了人们的视野。

其实，射电望远镜最大的贡献在于其对宇宙论研究的影响。最开始，射电望远镜的分辨率特别低，根本不能称得上是望远镜，但是英国和澳大利亚的无线电天文学家们通过使用相互间隔很远的射电望远镜这种射电干涉仪技术，大大提高了射电望远镜的分辨率。将相距100公里的射电望远镜联动起来，可以得到低于1秒的分辨率。而这已经超越了光学望远镜的分辨率。进一步，要是运用以地球直径为基准的干涉仪的话，就能的得到 0.0003 秒的分辨率，这使得制作出一张清晰的宇宙电波图成为可能。科学家们尝试着像这样全天候地观察星空，在观测全范围内发现了很多最初被人们称为无线电广播星的电波源。当科学家们尝试着用 200 英寸口径的光学望远镜追查这些星球时，发现这是银河系相互碰撞汇聚所成的景象。如今在观测宇宙、研究宇宙论时，会先用射电望远镜，找准目标后再用光学望远镜细查，在工具使用的顺序上可谓出现了大逆转。

1964 年,像这样的电波源天体被命名为类星体①,这种天体呈现出令人不可思议的形态。也就是说,这种天体与其他天体相比,其红移的速度相当快。如果用哈勃宇宙膨胀论来解释这种让人难以置信的红移速度的话,类星体就是以相当快的速度在后退,远离我们人类,而且它是位于宇宙中距离我们星球非常遥远的地方。因此要是用红移现象来计算这个距离的话,大约距离是 120 亿光年,有人甚至认为类星体可能是在宇宙的尽头。

以哈勃的宇宙膨胀论为依据,伽莫夫②提出了宇宙进化论,也就是所谓的宇宙大爆炸③假说,根据这个假说,宇宙在形成初期在极短的时间内发生了大爆炸,而这之后,宇宙就开始不断膨胀。但另一方面,霍伊尔和邦迪等人提出了宇宙恒稳态理论④,他们认为宇宙总是保持着一定的状态,虽然其内部孕育出的天体在膨胀,但是这种现象在到达外部时就消失了,所以宇宙从整体来看还总是保持着同一种形态。对于加莫夫的宇宙膨胀说和霍伊尔等人的宇宙恒稳态理论,我们还没有充分的观测证据来证明到底哪一个是正确的。哈勃所发现的红移现象仅仅证明了宇宙在膨胀,也都可以用来解释上述两种假说。但是,正如类星体所呈现出来的那样,在宇宙的边缘有一群蕴含巨大能量的天体存在,因为有这种异乎寻常的能量,遥远的我们也能够观测到这群类星体,如果是这样的话,那就可以解释为这种巨大的能量恐怕是在宇宙形成初期的大爆炸时产生的,我们现在观测到的是距今数百亿年前这些类星体的模样,而这也就证实了宇宙大爆炸的假说。

① 译者注:类星体:是类似恒星天体的简称,又称为似星体、魁霎或类星射电源,与脉冲星、微波背景辐射和星际有机分子一道并称为 20 世纪 60 年代天文学"四大发现"。

② 译者注:伽莫夫(1904—1968),美国核物理学家、宇宙学家。以倡导宇宙起源于"大爆炸"的理论闻名。

③ 译者注:宇宙大爆炸:大爆炸理论认为宇宙和时间的开始都源起于宇宙中一次巨大的爆炸,这一爆炸造成了现在的各大星系,而各大星系,以及整个宇宙总是处于不断变化,发展的过程之中。

④ 译者注:宇宙恒稳态理论认为宇宙的过去,现在和将来基本上处于同一种状态,从结构上说是恒定的,从时间上说是无始无终的。

1965 年,贝尔电话实验室的彭齐亚斯[1]和威尔逊,他们发现了一种从宇宙的边缘传来的普通的背景辐射[2]。可以解释为它就是由宇宙大爆炸产生的,作为宇宙的"背景",至今仍会从各个方向辐射到我们,而这也是支持宇宙大爆炸假说的一个证据。因为这个发现,彭齐亚斯和威尔逊在 1978 年获得了诺贝尔奖。

　　而与这种宇宙论的理论最切合的正是爱因斯坦的广义相对论。随着 1964 年类星体的发现使得广义相对论重获生机,人们开始重新关注广义相对论中的宇宙观。也就是说在无线电天文学领域,类星体的发现是对宇宙论的一次革新。

　　科学家们尝试着通过射电望远镜来获取星际物质的光谱,结果发现了含有氧原子的四原子化合物,而这些化合物就是构成生物体的原子,这一发现进而引发了关于生命起源的讨论。除此之外,通过射电望远镜发现的还有与类星体齐名的、1967 年被发现的脉冲星[3]。沿着银河系中狭窄的区域,科学家们发现了众多脉冲星,因此认为它与类星体不同,是银河系内部的天体。我们从脉冲星获得了它爆炸向外发射的微波,而这种构造和中子星的原理一样,即通过收缩使电子进入到质子中变成了中子。其实最初这是通过射电望远镜发现的,后来使用光学望远镜进行确认,又发现了好几颗脉冲星。

关于人造卫星

　　二战后最轰动社会的事件之一就是成功发射了人造卫星。人造卫星为天文学发展做出的贡献主要有两点:一是实现了行星探测仪的功能,能够靠近行星收集情报;二是能够穿透大气层观测宇宙情况,发挥出类似于在宇宙中设立天文台的作用。

———————

　　① 译者注:彭齐亚斯(1933—),美国射电天文学家。彭齐亚斯和威尔逊于1965 年 7 月将发现公之于世,被称为 3K 宇宙背景辐射。该发现被公认为是大爆炸宇宙学的一个重要的观测证据,因而两人同获 1978 年诺贝尔物理学奖。

　　② 译者注:背景辐射是来自宇宙空间背景上的各向同性的微波辐射,也称为微波背景辐射。

　　③ 译者注:脉冲星:是变星的一种。这种星体不断地发出电磁脉冲信号。

人类发射的第一颗人造卫星是 1957 年苏联发射的斯普特尼克 1 号[①]，这之后，美苏争相开发了一系列人造卫星，既有围绕地球，也有围绕月球，甚至还有其他行星旋转的人造卫星。1962 年美国研制出了最初的行星探测器——水手 2 号[②]，并将其瞄准金星发射。从此，人类不断向火星、水星和木星发射探测器，在这期间也获得了众多发现。发射人造卫星，必须要从力学的角度上计算出其运行轨道，才能使其飞向太空，但在天体力学方面却没有任何具有革命意义的新发现。而其最大的意义在于，通过人造卫星直接观测到的数据屡次推翻了关于行星表面现象及其物理性质的种种推想。例如，根据水手 4 号探测器探测结果显示火星表面有众多环形山，而这是之前谁也没有预测到的。还有，据水手 6 号、7 号探测器探测结果显示虽然火星表面有众多环形山，但是完全没有过去斯基亚帕雷利[③]和洛厄尔[④]所看见的运河状的东西，当然也根本不存在形成运河的生物。这之后人类还计划将行星探测器发送到土星和天王星，以及计划在 1986 年发射行星探测器以迎击哈雷彗星[⑤]。近年来，电视新闻还报道了旅行者探测器[⑥]所探测到的木星及土星的情形，可以说不仅是专家，连外行人也深深被这种奇观所吸引。

　　那么恒星呢？人造卫星要发送到恒星的话，需要花费的时间可谓旷日持久，所以人们根本无法期待可以从恒星那里探测到并带回任何情报，因此恒星探测器在目前也就没有任何意义。反而是利用人造卫星在大气层外观测恒星和宇宙这个做法更加实用，

---

　　① 译者注：斯普特尼克 1 号：人类第一颗人造地球卫星，构造其实并不复杂。它是一个直径 61 厘米、重 83 公斤的金属球状物，内含两个雷达发射器和 4 条天线，还有多个气压和气温调节器。它的用途就是通过向地球发出信号来提示太空中的气压和温度变化。

　　② 译者注：水手 2 号：是美国发射的第二个水手系列探测器，该探测器成功地掠过金星从而成为人类第一个成功接近其他行星的空间探测器。

　　③ 译者注：斯基亚帕雷利（1835—1910），意大利天文学家及科学史家。他以对火星的研究而闻名于世。

　　④ 译者注：洛厄尔（1855—1916），美国天文学家。

　　⑤ 译者注：哈雷彗星：是每 76.1 年环绕太阳一周的周期彗星，肉眼可以看到。

　　⑥ 译者注：旅行者号探测器：美国研制并建造的外层星系空间探测器，共发射两颗。原名水手 11 号和水手 12 号。

人造卫星的功能未来会向着免受大气困扰的太空天文台①方向发展延伸，或者也可以叫作太空望远镜②（ST）。60年代开始发射天文观测卫星，根据其观测结果，科学家们发现恒星所发出的紫外线强度超乎我们的想象。同时也从中检测出X射线，因为这种X射线的发射源聚集在银河系，所以被认为是银河系内部物质。由此诞生了X射线天文学③这种新的天文学研究领域。

从理论上来说，在这种连中子也会受其引力作用而遭到破坏的高密度源头，即密度接近无限大的源头，任何物质都会被其吸进去，这就是最近非常流行的所谓"黑洞④"现象。因为它的存在，任何物质、射线都无法逃脱，所以一般情况下它是无法被观测到的，人类只能够探测到其引力作用。在黑洞的附近，能量以X射线的形式被释放出来，人们猜测这就是我们所观测到的X射线。因此人们猜测在出现X射线的附近就会有黑洞，并且在那里，恒星呈现出日渐收缩、濒临灭亡的景象，这些都引起了天体物理学家的密切关注。

对于外行人来说，印象最深的莫过于载人宇宙飞船了。其中又以阿波罗计划⑤最为重要，自从1969年两名美国宇航员在月球表面行走后，迄今为止共计有12个美国人踏上了月球表面。他们将月球上的石头作为成果带回地球，但这在天文学上并没有太大的意义。科学家们尝试着对这些石头进行分析研究，发现它与地球上的石头有很大不同，这有力地证明了月球并不是从地球分化出去的，而是从外而来，因受地球引力影响而围绕地球旋转。

虽然载人宇宙飞船成功登陆了月球，但去其他星球就没有这

---

① 译者注:太空天文台:指所有用来在外太空观测行星,星系以及其他外太空物体的仪器。太空天文台可以被分成两类:观察整个宇宙的和对宇宙中某个部分观察的。

② 译者注:太空望远镜:又叫空间望远镜,是天文学家的主要观测工具之一。它可以避免地球因为大气层干扰而使得图像模糊不清的困扰。

③ 译者注:X射线天文学:是以天体的X射线辐射为主要研究手段的天文学分支。

④ 译者注:黑洞:是现代广义相对论中,宇宙空间内存在的一种密度无限大,体积无限小的天体,所有的物理定理遇到黑洞都会失效。

⑤ 译者注:阿波罗计划:又称阿波罗工程,是美国从1961年到1972年组织实施的一系列载人登月飞行任务。

么简单了。乘飞船到达月球需要三天时间,但是地球距离其他行星非常遥远,乘飞船需要花费很长的时间才能到达。这其中最近的要数金星了,但是其表面温度极高,飞船恐怕难以接近。如果乘飞船前往金星的话至少也要花上一年多时间,所以向其发射载人宇宙飞船在目前来看恐怕还是不现实的。阿波罗计划就只是准备让宇航员在月球表面行走,采集月球上用于地质学研究的标本,达到预期目标后计划就终止了,这之后并没有将载人宇宙飞船发射到其他天体的新计划。我认为太空天文台在今后会得到进一步发展,为天文学和宇宙论做出贡献。

范式的交替

下面,我们来回顾一下作为科学的天文学的历史进程,发现在这期间出现了很多范式,也出现了遵循不同范式的完全不同派别的天文学家们。首先是发现异常天象并做解释汇报的宫廷占星术士,他们只关心天象。而创制了太阴太阳历这一精密科学的天文学家们只关心太阳和月球的运行。伊斯兰和西方的天宫图①占星术士对行星天文学抱有强烈兴趣,进而促进了行星轨道论的发展。到了近代,为了航海和测量的需要而研究天文学的科学家们试图准确测定恒星位置。

哥白尼宣扬日心说之时,信奉地心说范式的当时的天文学家们基本上不承认这个新范式。牛顿开创了天体力学,于是天体力学这种新范式就诞生了,但是在当时关注测算天体位置、计算行星运行轨道的天文学家们看来,那样的力学对天文学来说没有任何帮助,根本没把它当回事。望远镜发明一个世纪后,人们才把这个新的探测天体工具作为天文学家的象征,但望远镜也依然被用于测定行星和恒星的位置,因此虽然威廉·赫歇尔在全天候观测后提出岛宇宙②的概念,但是当时的天文学家也不把他所做的工作当作是专业的研究工作,而称其为靠音乐成名的业余天文学家。

---

① 译者注:天宫图:是由占星学派根据天空星座的位置,使用连线构成的图案。

② 译者注:岛宇宙:认为若每个星系是一个岛,那么宇宙便由很多个岛组成。

在十九世纪,尝试研究天体的物理性质的天体物理学先驱们被认为是业余天文学家,他们和国立天文台的方位天文学家以及大学的天体力学专家完全不属于一个派别。直到二战前,天文学家都被认为是以光学望远镜为探测工具的科学家,但是,二战后随着无线电天文学的诞生,出现了与迄今为止的天文学家完全不同的、掌握着电磁学相关知识的新派无线电天文学家。而X射电天文学家、红外线天文学家、操作太空望远镜的科学家由于他们掌握的范式、技能与当时的天文学家都不相同,所以都会被认为是"另类"吧。

像这样,在天文学的历史上,开创新范式的新兴天文学家在出场时总是无法得到当时的天文学专家集体的肯定,被看作业余爱好者。而在这期间,当新范式作为常规科学积累了大量成果后,新兴天文学家就会夺取话语权,进行世代交替。提出新范式的往往都是在现有的天文学专家集团外的所谓业余爱好者,正是这些局外人提出新的设想并凭借某种技能登上了历史的大舞台。近来,不管是无线电天文学还是X射线天文学,在科学界以外想要产生新范式好像越来越难了,但即便是这样,新范式也不会从现有的天文学专家集团内产生。稍微思考下就会明白,专家集团的机能和任务就是加快促进现有的一般科学的发展,并不是发现新的范式。

如此说来,至少在新范式被发现的阶段,我觉得业余爱好者和局外人还是有其积极意义的。当然这里所说的业余爱好者和局外人是指现有学术观点范围外的人。

第九章　结语——对你来说宇宙是什么？

　　我在本书的序论中就说过，我并不是为了天文学家，而是为了向普通人讲述天文学史才开始写这本书的。为了尽可能填补专家与业余爱好者之间的鸿沟，我一直留心用充满人间烟火气的历史故事形式来讲述天文学历史。但是这项工作实在是太艰难了，我并不认为到目前为止我的工作取得了多大的成果。这是因为，对于天文学的理解，专家和普通人之间存在一条很大的鸿沟，而且最近这条鸿沟有逐步扩大的趋势，我想凭一己之力去填补这条鸿沟，这是怎么也做不到的。因此，我想详细分析下为什么这条鸿沟会越来越深，希望大家据此思考一下"对我而言，天文学是什么"这个问题。

为谁研究天文学？

　　有的少年因为痴迷星空，存下零花钱去买望远镜，还会一个人偷偷地眺望夜晚的星空并乐在其中，他的动机太纯粹了，谁都不忍横加指责。这与热衷数学拼图也好，痴迷于歌曲或俳句也好，都可以说是来自于纯粹的热爱。其实人类所有理性活动的出发点都必须是来源于这样纯粹的动机，然而，仅仅凭借这些是无法称之为做学问的。天文方面也是如此，如果仅仅是喜欢赏月那谈不上是天文学研究。所谓学问，只有将研究活动传达给大众，才有意义。而且，如果这门学问没有传达给人们，谁都不知道它，在科学史上也没有留下痕迹，当然人们也就无法去评价它了。但是，既然要传达给大众，就必须意识到被传达的对象。要传播给哪些人，又是为了

「天」的科学史

哪些人而进行天文学研究呢？根据面向人群的不同，天文学的性质也会有所不同。那么在这里，有哪些人是为了哪些人而去研究天文学呢？从这个视角我们再来回顾一下前面章节所说的天文学历史吧。

首先，在古代东方国家的专制独裁社会中，天文学只是为帝王一个人而存在的。作为统治者的帝王聘用天文学家和占星术士，让他们观测超自然现象，并将观测结果向宫廷汇报，以此加强应对天象对地面的影响。例如，针对日食现象，古代天子会让天文学家预言日食现象，或是请僧人念经祈祷，以此来预防异常天象给国家带来的不好影响。但是对于庶民来说，他们并没有被告知这些讯息，当日食发生时，他们不知道这是怎么一回事，因此内心害怕且焦虑。也就是说，古代天文学的相关信息只属于帝王一个人，帝王正是通过独占此类信息而得以统治国家。可以说这是为统治者而存在的天文学。

历法和占星术也是一样的。在过去，历书是由宫廷里的天文学家所制，庶民将其视为皇上恩赐之物，遵从年历过活。日本也是这样，在明治元年之前，天皇一直都是采取这种办法，要求庶民使用这种普通人难以计算的太阴太阳历。因为历法对于一个国家来说是不可或缺的统治手段。

但是，无论是占星术也好，还是历法也好，随着庶民力量的强大，渐渐地就不能继续为帝王所独享了。当个人价值稍有提高时，庶民也会去请天文学家或是占星术士来为自己算命，而现在，对于人们来说，付钱占卜是再平常不过了。另一方面，随着连小学生都能轻易制作的阳历的普及，庶民不再需要政府逐一为其发放历书了。也就是说统治者再也不可能通过独占天文学成果来统治人民了，所以庶民得以从天文学这个统治工具中解放出来。

要说起宇宙论的话，在过去它与普通人的联系甚至比今天还要紧密。在西方国家，从中世纪到文艺复兴时期，当时人们眼中的宇宙比现在我们知道的要小得多，他们认为头顶上的一片镶嵌着繁星的圆形天空就是宇宙的天花板，位于宇宙中心的人类时常会受到来自星体的直接影响，人类受上天统治，这种观点在当时一直占据统治地位。但在之后哥白尼提出宇宙的中心是太阳，地球只是位于宇宙的一端,后来随着所认知的宇宙的范围也不断扩大,人们开始认识到上天并不会深刻影响地球上的事物。由此,人类终于可以不用那么在意上天而生活了。日本也有类似的事情。直到江户时代,普通人都难以避免地生活在地狱和极乐图所描绘的世界里。但是随着近代科学的发展,像这样的宇宙概念已经脱离现实,越发显得空洞乏味,普通人渐渐认识到宇宙相关的问题与自己不相关,只要交给专家就好了。也就是说,普通人彻底从宇宙论中解放出来了。

　　近代人们从上天的统治解放了出来,他们中的一部分人根据自己的意志,将宇宙论作为兴趣爱好继续向着苍穹进发。天文学再也不为帝王和高级官员所独有,普通人也可以通过望远镜充分满足其对天文学的向往。确实,进入近代以来,无论是谁研究天文学都不会被统治者所责难,天文学已经向普通人开放了,但是专业的天文学家依然存在。虽然近代科学每个领域中都有专家存在,但在这之中,天文学历史最为悠久,在古代就已经有专门从事天文学研究工作的天文学家了,正如前面叙述的那样他们(为了天子)垄断了天文学。到近代,天文学已经从古代只为天子服务演变成了国家而开展的天文研究,也可以叫做官营天文学吧。为了整合近代国家的形态,无论如何也有必要在首都建立国立天文台,用于编撰历书,也就是制作天体方位表和报时(对一个国家的国民提供告知时间的服务)。像是英国的格林尼治天文台和法国的巴黎天文台,还有日本在明治维新之后建的先是位于麻布,后来搬到三鹰的东京天文台,它们就是发挥上述作用的天文学研究设施。像这样的工作主要是属于方位天文学研究范畴,虽然不是仅为帝王所有,但是对于任何一个近代国家来说都不可或缺,因此每个独立国家都在政府主导下开展相应的研究。人们将这种官营天文学定位为近代国家官僚制度的一部分。

　　国立天文台的工作人员作为国家官员享有俸禄,但是在十九世纪,出现了与之不同的天文学家。他们是以大学为主要根据地开展学术研究的天文学家。其实不光是天文学,还有其他科学,因此十九世纪可谓是在大学开展科研活动的繁荣时代。当然科学家并不是作为研究者,原则上来说是作为教育者供职于大学,他们在教书的同时开展科研活动。我们把这样的学术研究叫作学术科学,或者是学院式科学,或许也可以叫作象牙塔内的科学。在这个时期繁荣发展的学院式天文学的典型就是天体力学。那么学院式科学究竟是为了哪些人,又是怎样开展研究的呢?一般情况下,研究者们各自撰写专业论文,并向由专家学者组成的学会报告,还会向由专家编撰的学术期刊递交论文稿。这样一来,学会内数名专家就会对该论文进行审查,只有在专家评定其具有一定的专业水准后,这篇论文才可以登载在学术期刊上,并作为著者的研究成果被大家认可。这也是个人荣誉,所以这项工作并不是像上述官营天文学从事的那种事务性工作,而是各个学者为主张自身存在的价值,积极开展的独创性工作。正是这种刺激促进了新的学术研究的繁荣发展。

对于这样的研究学者来说,天体力学是极佳的研究领域。研究者们充分钻研牛顿力学的精髓,相互竞争,使用各种特殊参数,完美地解析了多体问题①的微积分方程式。这种学院式科学,只是在专家间得到评价,换句话说,它是以科学家为出发点和目的地而开展的科学研究。要说官营天文学,它们虽然受命于政府,但也有像编撰历书和报时等与普通老百姓相关的工作。但是说到这种象牙塔内的天文学的话,它只是在专家之间遵循他们的规则而开展的相关研究,它在逐渐专业化的同时与普通老百姓之间的关联越来越少,象牙塔变得越来越高,也越发脱离群众了。

在学院式科学研究的时代,基本不怎么需要研究经费。研究者们各自在大学或者学校里任职谋生,同时自掏腰包做研究。但是从十九世纪后半叶到二十世纪前期,伴随着大型望远镜时代的出现,研究者们已经不可能仅靠自费来做研究了,而需要借助垄断资本的支持继续开展研究。正如前面我们已经说过的,在天文学领域,美国就是依靠卡内基和洛克菲勒这样的垄断资本。学院式天文学时代,只要头脑聪明又有创造力,不管是什么样的学者都可以脱颖而出,但是到了大型望远镜时代,只有拥有望远镜的人才可

---

① 译者注:多体问题:天体力学和一般力学的基本问题之一,又称为 N 体问题,N 表示任意正整数。它研究 N 个质点相互之间在万有引力作用下的运动规律,对其中每个质点的质量和初始位置、初始速度都不加任何限制。

以在竞争中赢得胜利。如此一来,有钱的国家,特别是美国就抢占了先机。那日本又是什么样的情况呢? 官营天文学以东京天文台为基点,天体力学和理论天体物理学是由 1979 年逝世的萩原雄祐①先生引进日本,并在各大学顺利推广、研究,但要说到望远镜的话,就完全不是美国的对手了。因此,在二战后,研究者们通过游说日本政府拨款支持研究,终于成功地在冈山制造出了反射望远镜。尽管如此,与美国的反射望远镜相比还是小得可怜。像这样的望远镜只为专家所有,一般人根本无法接触到,也就只能看看在威尔逊、帕洛玛天文台拍摄到的摄影图册感慨一番而已。像这样,对于普通人来说,天文学的发展越发令人叹为观止,但与此同时它与普通人的距离也越来越远,业余爱好者手上的 10 英寸口径的望远镜早已无法跟上时代发展的步伐了。

图 9‑1 专门用于检测电波的日本最大的射电望远镜(位于日本长野县野边山)

① 译者注:萩原雄祐(1897—1979),日本天文学家。著作有五卷九册的《天体力学》,全面系统地阐述了现代天体力学的主要内容,其中包括动力学原理、变换理论、摄动理论、天体力学中的微分方程、周期解和拟周期解(见周期解理论)、三体问题的拓扑方法等。

这都导致十九世纪时尚且人数众多的业余天文学家人数锐减。在十九世纪中叶之前，业余爱好者尚存为学术前沿贡献一己之力的希望，但是到了十九世纪中叶，无论他们怎么努力也追不上专家们的步伐。因此业余爱好者们败兴而归，放弃做科研的念头，转而组成了只把天文学作为兴趣爱好把玩的爱好者协会等。

军备和天文学

二战后，随着苏联"旅伴"号卫星的成功发射，美苏两国进入太空争霸时期。这个时期，为了证明国家实力，提高自身国际地位，两国政府都拿出巨额资金来支持天文研究。以 1957 年苏联发射"旅伴"号卫星为开端，在这之后有大量资金流向天文学研究领域，其中很多计划规模宏大却没有经过严密规划，但也得到了来自政府的大量资金的支持，将国家预算逐步掏空，这样的情况持续了至少十多年。这样一来，天文学仿佛变成了从政府拿钱的研究。但是，在六十年代后半期，美国停止了这项太空计划，人们重新将目光投向地面，开始关注诸如公害、生态学等相关问题。因为阿波罗计划，人类得以首次登陆月球，而在同一时期，美国哈佛大学的某个哈佛广场学生们悬挂横幅，举行抗议，横幅上写着"请不要连月球都污染了"这样的文字。通过电视的传播，人类的首次登月之旅在全球家喻户晓，引起极大关注，但是反复地登月再也不能燃起世人的兴趣和热情了。此后阿波罗计划被中断，再也没有人去研究这些从月球带回的石头标本，而是将它们保存在博物馆。只要政府不再出资就没有人会再去研究这些石头。

我们曾经历过以二战后美苏争霸为背景，通过政府出资进行大规模天文学研究的时代，在这期间，天文学与出于兴趣的研究相去甚远，而是投入巨额资金和大量人才开展的国家层面的大事业。

从古至今，国家插手科学研究并提供援助主要都集中于军事方面。要是明白它是一个国家的立业之本的话，就能理解其必然性了。日本在新宪法中承诺放弃军备，这在世界史上也具有革命性意义。即使是现在，从一般意义上来说国家就是军事单位。

自古以来，天文学研究与国家之间的关联并不像现在这般和军事联系如此密切。天变星相术虽然用于武将制定作战计划,做出决断,但平时主要用于占卜国家运势,预知战乱和天灾,以便提前采取相应的防范措施。也有像宿命占卜术和为其提供基础数据的天文学这样的,因为为国王占卜运势而接受国家的援助。而制作并施行历法,自古以来就是国家机能的一种。

近代以来,因为测量和航海方面的需要,建立了国立天文台,为开展实地天文学和航海天文学而研究观测最基本的天体的方位,这都不再是只为国家的"面子",而是出于实际需要。这其中又以天文学和海军联系特别紧密。

人类活动还停留在地球表面时,研究内容也就限于上述程度吧,但是进入航空器时代,特别是太空时代后,天文学研究发生了翻天覆地的变化。我曾有过这样的经历,二十世纪五十年代,我年轻的时候,曾在哈佛大学做过天文学研究助教,那时候我承担的工作主要是用施密特照相机在两个相互距离很远的地方拍摄流星,并运用三角测量法测定流星的方位、速度和运动方向。这项工作的目的在于试图证明宇宙物质生成的尘埃假说。后来才得知,这项研究的经费来自于海军。天文学家是为了研究流星,而海军方面则是想通过流星的轨迹了解高层大气的状态。这当然是为发射军用喷气式飞机,甚至是火箭而做的基础研究。

可以说在二战中,英国陆军是为了抵御纳粹德国的 V2 号火箭进攻而开发了雷达,无线电天文学因此应运而生,雷达加上火箭,以及在这之后发展起来的人造卫星都在不断成为天文学研究的主要观测手段。所以说像这样花费巨资的研究开发已经不再单单是为了满足天文学家对于知识的好奇心了。

二战后,美苏两国进入冷战时期,在原子弹和氢弹的开发方面互相较劲,自 1955 年两国均成功持有氢弹之后,这方面的开发暂告一段落,因为再开发已无任何意义了。于是,两国将争霸的焦点放在了运输核武器的导弹的研制开发上。就在这时,1957 年苏联成功发射了"旅伴"号人造卫星,而美国也因此更加担心自己是否在导弹研发上已经落后于苏联了。为了证明国家实力,美苏两国开始进入太空争霸时期。但这远不像大家看到的两国间为了"面子"而进行太空竞争这么简单,实际上向太空发射的人造卫星中有

50％以上都是以军事为目的，所以很容易理解美苏太空争霸的真正动机在于军事较量。在美国，向民众报道的净是非军事机构——NASA（美国航天局）的相关开发研究，但是与 NASA 关系密切、积极推进研究开发的 DOD（美国国防部）在太空开发方面的经费预算并不比 NASA 少。

所以说白了，战后声势浩大的天文学最前沿研究就是搭了美苏争霸的顺风车。最近，新闻中多次报道了航天飞机这项研究成果。确实航天飞机的研发对建立宇宙空间站和制造太空望远镜来说不可或缺。但是正如里根总统声明的那样，一切都以军事为先。人造卫星上的太空天文台是将望远镜对准太空的，但如果面向地面上的话，就具备军事用途了。所以实施太空宇航员计划等更是不可能和军事撇清关系。

到了二十世纪八十年代，人们终于开始反省这种军事倾向问题。人们开始思考天文学研究到底是为什么。在美国，天文学研究经费全部来源于国民的纳税金，所以在国民中出现了要求政府向民众解释天文学研究目的的声音，有些地方甚至发生了纳税者抵制纳税的斗争。天文学家们是怎么回答这个问题的呢？通过这样的大天文学时代，我们对于宇宙方面知识的了解的确可谓突飞猛进，这对于天文学专家来说是有着极大意义的事情，这些都是不言而喻的。但是这方面知识的累积对于普通人来说，说得更现实一些，就是对纳税者来说这到底又有什么意义呢？问题在于专家不断开拓的天文学最前沿发展，与普通人对天文学的关心和兴趣程度之间存在巨大差距。从人类文明史的角度来说，这种差距的拉大绝不是什么好事。

因此，有人提出回归天文学研究原点，重新评价业余天文学。这正与和歌、俳句一样，虽是业余爱好，但亲身参与了就会乐在其中，以这样的初衷研究天文学或者是范围更广的科学就好了。我们并不能简单地说天文学能够带来什么直接利益。虽然天文学研究看似不食人间烟火，但它曾经做出了具体贡献，诸如制作历书，作为航海指南等等。但是，说到近代天文学的本质，与其讨论其是否带来直接利益，不如说它唤起了我们对于未知世界的求知欲望，使我们获得了开放的世界观、宇宙观以及宇宙进化过程。因此普通民众、纳税者认为这种求知欲望是人类所共有的,而无关乎是专家还是业余爱好者,因此只将探求真知的权利赋予专家而把普通人排除在外,这与民主社会是完全不相符的。

学院式科学只是专家的科学。进入到大天文学时代后,更变成为政府为展现国家实力而开展的科学研究,也就是所谓的体制化科学,越来越远离普通民众。站在反省的角度,有人提出可以开展服务于普通人的天文学研究。在学院式科学研究时代,科学家们将专家同行作为研究的竞争对手。在体制化科学时代,要说科学家们总想着尽可能地向他们的援助者——政府多要钱,并以此为基础开展研究也不为过。与此相对的,就出现了这样的声音,他们要求科学研究以面向普通纳税者,为其提供服务为目的。他们所期望的天文学并不是为了给专家同行或是政府上层看而一味地撰写论文,而是面向普通人,让大家都能参与的天文学。他们所期望的天文学并不是只将研究成果登载在学术期刊上,还会登载在普通期刊上,供大家一起研究讨论,天文爱好者也能聚集在面向普通人开放的博物馆一起做研究。我认为只有在学术界摆正这种服务型的天文学的位置,才能填补专家和业余爱好者之间的鸿沟,要是不能跨越这条鸿沟的话,未来的天文学就无法健全地发展了。

我到现在都记得,曾经接受过英国一位有名的报道科学的记者——奈杰尔·考尔德的来访,当时他正在制作一档与宇宙相关的电视节目,还准备把它出版成书。这本书之后还被翻译成日语。为了取材,其实他只要辗转像美国和澳大利亚这样拥有大型反射望远镜、射电望远镜的国家地区就好了,但他还是为了了解东方的天文学史以及业余爱好者活动,特意来到日本。他说因为我是从事亚洲天文学史研究的所以特意来采访我,当然这仅是恭维话,他此行真正的目的是想见一见日本的业余天文学家。我陪他一起去拜访了业余天文学家,并在那期间交流了未来天文学的发展方向。

他认为在像美国和英国这样由国家出资聘请专家学者来做相关研究的情况下,业余天文学家根本没有出场的机会,但日本却很好地培养出业余爱好者,为什么这样说呢? 因为在发射人造卫星时使用的观测网方面,日本的业余爱好者的贡献最多,至今也是如此,在发现彗星和新天体方面,日本的业余爱好者也做出了很大贡献。他认为在拥有这么多的业余爱好者的背景下，日本的天文学研究一定能得到最健全地发展。我想这也只不过是恭维日本人的话吧。

关于 UFO

除了业余天文学家和天文学爱好者，还有不少普通人很关心占星术、UFO 或是与外星人的通讯，还有科幻、黑洞等与宇宙论相关的问题。实际上，UFO 和占星术爱好者远比天文学爱好者多得多，现在专业化的天文学根本吸引不了普通人，这个事实促使天文学家开始反省现今的天文学。

关于自古就有的占星术，前文已论及故不赘述，而 UFO 是在二战后才出现的奇特现象。而且是在机械文明最为发达的美国等先进国家，人们报告看见 UFO 的次数最多。

认为其他天体里也住着生物，他们与地面通讯并造访地球，类似的故事、传说数不胜数，《竹取物语》神话就是其中一例。而且从很早以前就有很多目击者报告，他们看见了可能是生存于其他星球的外星物种所乘坐的交通工具——飞碟。但是在二十世纪中期以前，这被认为是捕风捉影的事情，没有引起人们的广泛关注。但二战后，UFO 作为社会和科学事件被人们所关注，而且并不是一时的流行，甚至可以说是一种信仰，这又是为什么呢？这种现象已经不只是天文学课题了，还需要从社会心理学的角度来解释说明。

要从科学上来解释的话，如果说这种不明飞行物 UFO 是军用火箭、导弹或者是其他什么飞行物在进行秘密实验，这样也能解释得通。以美国目击者众多这一事实也使以上说法更具有说服力。虽说不一定全部都是，但在这个军用卫星满天飞的时代，某些被认为是 UFO 的不明飞行物很可能是飞行武器。

还有一个可以佐证的，最近行星探测器从行星上发回的报告接二连三地否定了 UFO 是外星生物来访的假说，也就是亚当斯基①假

---

① 译者注：亚当斯基(1891—1965)，波兰裔美国人，因表示照到来自其他星球的太空船照片，与外星人见过面，以及曾经与他们一起飞行过，因此在幽浮学界成名。

说。对于我这样的现代人来说,难以相信这是外星生物的来访,就和难以相信有神的存在一样。但是从社会心理学范畴可以做如下解释:即二战后,由于大型望远镜的出现与太空时代的大幕被揭开,让人们对外太空世界心驰神往。所以有人认为要是人类可以登上其他星球的话,那么相反的其他星球上的生物也很可能会拜访我们的地球。

现代天文学家经常会用光学望远镜和射电望远镜观察宇宙,致力于捕捉宇宙发出的信号,但是通过分析观察结果发现,无法解释的现象太多了。要是古代天文学家的话,他们会把它作为异常天象记载下来,并思考其对地面的影响吧。

现代的 UFO 信徒只要在天上看到任何难以解释的物体就将其称为 UFO,还认为上面搭乘着外星人,沉浸于自己编造科幻故事并乐在其中。

关于科幻小说

说起科幻小说,它最喜欢以宇宙为背景,将外星人作为出场人物。科幻小说是以十九世纪末赫伯特·乔治·威尔斯[①]写于 1898 年的科幻小说的古典代表作《世界之战》(又被译为《星际战争》)为开端的。这本小说的故事情节是:比人类智能更发达的火星人乘坐炮弹进攻地球,并驱使他们制造的机器人屠杀人类,但最后感染了地球上的细菌,因为没有免疫力而灭亡了。威尔斯另外还著有《时光机器》等,可以说是科幻小说的始祖。

在威尔斯的这本《世界之战》出版的三年前,美国一位业余天文学家罗威尔出版了一部面向大众的书——《火星》。作为结论的一部分,他写道:"火星上似乎居住着智能生物。"威尔斯大概是读了这本书,才想出了火星人这种生物吧。作为后来宇宙科幻小说中出现的怪兽始祖,它形似章鱼。行星在形成初期是一个火球,渐渐冷却后形成了太阳系,这种假说在当时很有说服力。于是,因为

---

① 译者注:赫伯特·乔治·威尔斯(1866—1946),英国著名小说家,尤以科幻小说创作闻名于世。

火星比地球小,并且离太阳更远,比地球更快冷却,进化也就比地球更快速吧,因此对火星来说,已经体验过地球目前达到的进化过程了。从进化程度来说,现在的火星人作为地球人的前辈,在智能方面应该比人类更优秀,在这样的假说下,他描画出了火星人的模板。

图9-2　帕西瓦尔·罗威尔

火星人因为智能很发达,直径1.2米的圆形身体的大部分都被大脑占据,支撑着这样身体的是每8根为一束,共十六根像鞭子一样的触手。这种章鱼型火星人的外观,因地球的重力大,触手便派不上用场了。

如果解剖这样的火星人就会发现,因为在火星稀薄的大气环境下生存,他们的心肺功能非常发达,但像嗅觉这样的感觉却退化了。因为可以进行自我增殖,性功能也退化了。同时,因为消化器官也退化了,心情及感情也不会影响到内脏器官。总而言之,火星人是只在智能方面非常发达的冷血生物。威尔斯大概是想通过这样的描写来暗示人类的未来吧。

火星人因为没有消化器官,所以不需要食物。营养主要依赖于其他的生物的新鲜血液,通过细小的输液管注入自己的血管中。火星人侵略地球的目的,就是为了从人类身体汲取营养。

罗威尔①塑造了完全不同于威尔斯所描述的吸血鬼形象的火星人。他与威尔斯不同,并不沉溺于科幻小说的幻想中,而是保持着科学家理性的态度。或许是受到威尔斯作品的激发,在1906年的科幻小说《火星及其运河》的结论中,罗威尔论述了火星上的高等智能动物。他否定了火星人的侵略性。他认为,火星人的智能已经高度进化,为了能在火星严峻的条件下存活下去,互相残杀是绝对不行的。会互相残杀的家伙早已灭绝,只有拥有共同合作的智能才能在自然选择下生存下去。为了弥补水资源的缺乏,通过合作建设大型水利设施,或是建设运河等为了共通利益而共同努力以外,别无生存之道。

但这不过是论述火星上的事。当时的地球上,正是弱肉强食的帝国主义时代。作为优胜劣败的进化论,社会达尔文主义②在思想界开始流行。因此威尔斯认为,在与不同民族、异种生物相接触的时候,必定会发生争斗,形成支配或从属关系,在当时这种观点很容易被读者所接受。

之后的第一次、第二次世界大战更是带来了血的教训。赫伯特·乔治·威尔斯的《世界之战》经由另一位威尔斯——也就是后来作为电影导演及演员而被熟知的奥森·威尔斯,在1938年翻拍成为广播剧。它是当时23岁的奥森·威尔斯的处女作,或许由于与第二次世界大战前紧张的气氛相吻合,美国的新泽西州有人误认为真的有外星人来袭,还引起了恐慌。

以赫伯特·乔治·威尔斯为始祖的宇宙科幻小说,把宇宙作为战场,争斗更是兵家常事。其后继者中,有一位名为范·沃格特③的

----

① 译者注:罗威尔(1855—1916),美国商人和业余天文学家、作家,1894年他在亚利桑那州的沙漠中自建了一个天文台,发表了许多他自认为火星运河的图像,他还因为海王星的运行轨道不规则,推算出一颗未知行星的轨道,他死后14年,另外的人发现了冥王星。

② 译者注:社会达尔文主义:19世纪的社会文化进化理论,因和达尔文生物学理论有关系而有此名。该理论认为影响人口变异的自然选择过程,将导致最强竞争者的生存和人口的不断改进。

③ 译者注:范·沃格特(1912—2000),生于加拿大的魁北克,是美国科幻作家。1995年沃格特被美国科幻作家协会授予大师奖。1996年他被认定为最早进入科幻奇幻名人堂的四位作家之一。

科幻作家,他的代表作《斯兰》在 1940 年出版,之后还出版了《猎犬号宇宙飞船》、《非 A 世界》等,在第二次世界大战后及美苏冷战格局形成期间,他出版了系列作品,声名大噪。在《斯兰》这本书中,讽刺纳粹党,预言后来的冷战格局的内容,甚至在 1940 年出版的书中就已经出现了原子能、宇宙飞船甚至是核聚变等这些要素。甚至斯兰这个主人公本身也是一个突然变异体,可以说这又预言了当今的基因工程学。

到现在,在科幻小说史上,也还是能够看到作为古典怪兽代表人物的斯兰的身影吧,紧接其后,二战后的电视和漫画界也形成了一种太空怪兽热潮,到现在都仍然能够看到相关的太空动作片和太空西部片。

但是,我一直都觉得这很不可思议,为什么科幻小说中的太空充斥着血腥暴力。当遇见外星人时,不容分说直接拿着激光枪就扫射。探访别的星球为的不是做买卖或者和睦相处,而是从一开始就下定决心要去征服这个星球。

在古人眼里,太空是一个非常纯净的地方。亚里士多德眼中的天球是完整的,在中国人眼里,天还是他们敬畏的对象。日本的西乡隆盛也提出过"敬天爱人"这样的格言。到底为什么宇宙会变成这样,到处充斥着嚣张跋扈的妖魔鬼怪,污染随处可见呢?这不得不让人悲叹啊。

科幻小说是有预言能力的。科幻小说作家与科学家的区别在于,科幻作家即便想到了关于科学技术层面的新想法,也不会进行细致的研究开发工作,将其付诸实践,而是无视研究过程,一味地驰骋在想象空间中,并把新想法的发展结果放在未来社会去思考、实践。像机器人、电视、火箭、宇宙飞船等这些都曾在二战前被科幻小说预言过。像阿道司·赫胥黎①的《美丽新世界》和乔治·奥威尔②

---

① 译者注:阿道司·赫胥黎(1894—1963),著名的生物学家 T·赫胥黎之孙,和著名的诗人 M·阿诺德也有血缘关系。少时就读于伊顿公学,后毕业于牛津大学的巴利俄尔学院。曾想做医生,却因为视力障碍改变初衷,从事了文学。

② 译者注:乔治·奥威尔(1903—1950),英国著名小说家、记者和社会评论家。他的代表作《一九八四》是反极权主义的经典名著,是 20 世纪影响最大的英语小说之一。

的《一九八四》中都有关于未来社会的可怕预言，估计也会一一实现吧。至少现在已能看到相关征兆。

但是《世界之战》中的预言成了当今社会的现实状况。宇宙空间作为战略的核卫星基地被大肆污染，《星球大战》中所描绘的世界也在不断成为现实。而且现如今的科幻小说界已没有严格意义上的科幻小说作家了，现在的科幻小说界不再热衷于科学预言，而是沉浸在幻想的世界里。

现在，对 UFO 和其他天体上的生命感兴趣的小朋友总是会问：如果宇宙中有其他人类存在的话，他们为什么不来攻击我们地球呢？这使得进行天文解说的工作人员非常困扰。就算宇宙上有其他人类或是生物存在，他们也未必像我们一样带有侵略倾向吧。

正因为如此，我对科幻电影《未知的遭遇》中描述的毫不血腥、充满着感动的遭遇印象深刻，感觉很是新鲜。这样说来，和范·沃格特一样，以《猎犬号宇宙飞船》为题材来写科幻小说的加勒特·哈丁①，他的作品中就没有与外星人争斗的场面，也不可能有。也许科幻小说可以由此找到陈旧落后的太空争斗剧的突破口吧。

宇宙论和宇宙观

在本书的绪论中，我把作为科学的天文学的发展以目录形式罗列，将天文学的最终目标设定为：综合天体物理学等所有的最新研究情报，提出能涵括银河系的河外星云、甚至宇宙尽头的宇宙论。关于这点，在上一章的结尾部分虽有所涉及，但并未充分论述，我是出于某种目的特意留到最后来讲的。因为我希望大家能够去思考"对你来说宇宙究竟是什么"这一问题。

我经常被刚进入大学的学生，尤其是被男生问起"老师，黑洞是怎样形成的呢？反宇宙②真的存在吗？"这样的问题。恐怕他是

---

① 译者注：加勒特·哈丁(1915—2003)，美国著名的生态经济学家。他曾经预言并警告过人口过剩的危险。

② 译者注：反宇宙：由反物质构成的宇宙称为反宇宙。反质子、反中子和反电子如果像质子、中子、电子那样结合起来就形成了反原子。由反原子构成的物质就是反物质。反物质正是一般物质的对立面，而一般物质就是构成宇宙的主要部分。

在阅读了小型丛书系列的解说之后深感兴趣的吧。

如果他是作为研究者来论证这种问题的话，还需要经由大量的数学和物理学训练。因此他现在关心的应该并不是直接与该课题相关的学术性研究。所以这也不能说成是科学性发问，至少不是一般科学行为。

但是他对宇宙观的探求，想弄清宇宙的渴望，即使他的想法没有经过科学论证，也不应该遭到断然排斥。年轻时期的哥白尼在意大利的大学留学时所认定的日心说，也绝没有通过科学论证，根本没有说服力。为了进行论证，他耗费了自己的余生。这种基本的想法并不像（一般）科学那样严谨，反而是具有美感的。宇宙并不该是由这么多圆组合起来不停运转的丑八怪，这是他从自身的审美意识出发，对既有的宇宙论进行的批判。

宇宙并非是百分之百符合科学的。宇宙也并不是只凭头脑就可以完全了解的对象，不过，宇宙还是可以被我们感受到。

在秋高气爽的日子里，躺在空地上，如果能感受到像是被遥远的蓝天包围的那种无拘无束感，那就是感受到宇宙了。这与最近的研究者所做的，通过显像管被解析的电脑画面中所显示的宇宙相比，通过大脑捕捉到的宇宙，两者之间有着本质的区别。

黑洞说法虽然拥有着一定数量的粉丝，或许是因为联想到这个杂乱无章、充满罪恶的索多玛①和蛾摩拉②城市说不定什么时候就被吸进黑洞而消失，就会有一种末日来临的痛快感觉吧。虽然经常被人说道："在你这种研究无垠太空的天文学家看来，世间的事都变得不值一提了吧。"但在一般情况下，比起从早到晚都在工作的专职天文学者来，恐怕是民间的业余天文爱好者更容易体会到这样的感受吧。能让人时不时忘记浮世的纷扰，这也是天文学具备的一种效用吧。我把这叫作宇宙论的虚无主义，或者是超脱主义。

即使这样，宇宙也是在不断变大的。以前的宇宙观认为宇宙

---

① 译者注：索多玛：这个地名首次出现在《旧约圣经》的记载当中，这座城市位于死海的东南方，如今已沉没在水底。依《旧约圣经》记载，索多玛是一个耽溺男色而淫乱、不忌讳同性性行为的性开放城市。

② 译者注：蛾摩拉：城市名，常出现于圣经中，象征神对罪恶的愤怒和刑罚。

就在我们头顶上,天宫图占星术试图传达的就是,人类的宿命始终无法摆脱这个包围着我们的宇宙天体的支配。但是,从伽利略的时代起,人类的所认知的宇宙范围不断在扩大。从我年轻的时候至今,宇宙的范围就多次被修改,其范围每次都在扩大,而且至今仍未停止扩大,最近我也读到了关于宇宙的规模再次扩大的相关报道。与此相关的,宇宙的寿命也变长了。

我之所以不愿意回答学生"宇宙有多大?寿命有多长?"的问题,是因为宇宙规模很可能被再次修改,即使现在记下来也无多大用处。

同时,关于宇宙的构造及进化的假说,在我有生之年一直在变化。我之所以在最后论及现代天文学最前沿的章节中没有详细说明,是因为描述最新学说的解说书在书店中能购置到,对此我就不赘言了,另一方面,我也隐约担心所谓最新学说也可能再次发生变化。

例如,关于恒星的发光机制,以前只能通过力学才能解释清楚,认为星球是因为力学性的收缩而产生了发光的能量。之后,从化学角度的研究悄然兴起,学者们认为恒星周围的物质落在恒星上,好比把煤炭加进了火炉,它们变成燃料后发光的这种机制也通过化学反应式被人们所提出。最后,随着原子核物理学的发展,人类才得以像现在这样通过恒星内的原子核反应,掌控了解恒星从诞生到灭亡的全过程。将来谁也不能保证在这之后理论不会再发生变化。

关于太阳系的形成,有自生说——各行星是从原始太阳中分离出去的,也有遭遇说——因为引力作用,外部恒星靠近太阳后变成了行星,但目前尚未有定论。这是因为没有决定性的证据。同样是关于宇宙进化论,既有加莫夫等人的宇宙膨胀论,也有霍伊尔等人的宇宙恒稳态理论。宇宙膨胀论认为,宇宙从诞生的时候就一直在膨胀,这样的基本想法与旧约圣经中的宇宙进化论相同,都是来源于宇宙是在进化的这样的设想。通俗点说,也就是认为宇宙在快速成长。另一方面,宇宙恒稳态理论认为,物质产生于宇宙中央,并朝向外侧运动,消失于周边,所以从宇宙整体来看,它总是呈现出恒常样态。可以说它与将地球内部产生的熵丢弃到宇宙外

「天」的科学史

这样生态学的设想是一致的。

宇宙膨胀论的证据,最初仅仅是天体光谱红移这样的观测数据。套用多普勒效应来解释的话,红移是因为所有的天体都正在远离我们。如果我说依据只有光谱红移这一点,可能会有人感到惊讶、不可置信。最近,3K 宇宙背景辐射再次证实了宇宙膨胀假说,与宇宙恒稳态理论相比,宇宙膨胀论正在走向定论阶段。

不过,这些宇宙论、宇宙进化论都没有能定论,未成为一门科学研究,因为一门科学研究必须明确是以什么作为大家都认可的范式,并在此基础上积累了一般科学的成果,而宇宙论并未满足这一点。所谓的宇宙论中其实混入了太多宇宙观这种随意的要素。

正因为我对宇宙论假说仍然持保留意见,所以特意地没有介绍最前沿理论,而是认为近来新发展是基于将电波及 X 射线等观测仪器看成是范式的成果,并指出各自发展的预期方向。

如上所述,我们眼中的宇宙虽然在不断膨胀变大,但这只是因为用科学手段了解到的知识要素发生了变化而已。随着宇宙不断变大,总觉得天与人之间变得越来越疏远了,像是宇宙从人的心间偷偷溜走了。宇宙真的走远了,或许是因为现代人对宇宙不感兴趣了吧。

另一方面,在最近的年轻人中,尤其是持有生态学思想的人中,因为想要找回心中的宇宙,所以频繁地使用宇宙论这样的词语。追溯到古代,那时把宇宙与人类之间的关系称为 macrocosm·microcosm 对应(macrocosm 指大宇宙、microcosm 则是指作为小宇宙的人类),这些年轻人的观点与其相似,他们试图在宇宙中摆正人 类 及 其 生 物 环 境 的 地 位。在 二 战 前,虽 然 使 用 了 Weltanschauung(世界观)这一来自德语的词汇,但如今为了能够在这个宇宙时代让人们感受到全球化的规模,又改用 cosmology(宇宙论)一词。cosmology 中包含的 cosmos 与混沌相对,本意为秩序,cosmology 则意为世间的秩序以及在其中找到属于自己的位置,安心立命。

科学向宇宙的周边进发,不断扩大着研究范围,在这过程中,人们反而忘记了内心及如何面对自我的问题。对此我们首先应该确立自我,然后与人类的生存环境和谐相处,最后再研究宇宙的边

际，这才是 cosmology 的真正意义。我认为真正意义上的
cosmology 是宇宙观，而不是科学宇宙论，希望各位能在各自心中，
随着时光流逝及空间扩大，不断进行自我定位，形成自己的宇
宙观。

后　记

　　这本书不是为想成为天文学专家的人提供的基础练习，也不是为了特定的业余天文学家、天文爱好者而撰写的，而是想要尝试面向并不特别关心天文学的一般人，讲述天文学或是天文学史，以观其效。我曾在大学的一般通识课程上讲授天文学或天文史，我就是一边看着备课笔记一边尝试着将其录成了磁带，然后又将磁带录音转成文字，以"作为教养的天文学"为题，在 1978 年至 1980 年期间，分 13 次在《BASIC 数学》杂志上连载的。借此次入选"朝日选书"系列丛书这一契机，对文章再次修改，增补了一些图片。同时，在最开始和结束的一章中，加入了天文学领域中无法包含的主题，最终写成了本书。

　　我并不是天文学者，而是科学史家。因此，考虑到不同于以天文学者之名研究天文学史，我给本书起名为"'天'的科学史"。"天"是一个来自中国的词语，也包含着现代天文学领域所不能体现的微妙感受吧。

　　以前在朝日新闻社出版人物传记《野口英世》时承蒙出版局图书编辑室的赤藤了勇先生的关照，这次依旧得到其鼎力相助，在此表示感谢。

中山茂
1984 年 7 月

学术文库版的后记

关于宇宙观

我给本书起名为"'天'的科学史"。书稿是基于大学的通识教育"天文学"课程的讲义，我希望能帮助一般读者建立起其自身的宇宙观，所以在书名上花了点心思。

"天"在日语和中文里都相当于西方的"神"。总是与一神教①格格不入的我，一直想要通过"天"代替"神"，创造自己的宇宙观。特别是在二十世纪七十年代，"宇宙观"这个词语在一部分生态学家中特别流行，这个在二战前被称作"世界观"的词，进入太空时代后变成了"宇宙观"，也就是"在宇宙空间中的人类的定位"。这就是我对该词的理解。

日本人在通过《解体新书》②接触西洋前，从来没有想过人类是用头脑来思考的。现代人可能会问，那么用什么去想呢？那时根本就没觉得会用某个特殊的器官去思考。宇宙（天地之间）充满了气（＝Energie，可解释为能量）。充斥在大宇宙中的气在人类这一小宇宙的体内进出、循环，人类才可以进行包括思考在内的所有人类活动。也可以说，这就是古人的朴素的宇宙观吧。

---

① 译者注：一神教：认为只有一位人格神存在并对其崇拜的宗教。与多神教相对，不同于认为有内在于世界（包括人类自己）的非人格神的泛神宗教以及相信神是外在于世界的自然神论。一般认为，一神教包括犹太教、基督教和伊斯兰教。

② 译者注：《解体新书》出版于 1774 年（安永 3 年），由杉田玄白译自德国医学家 J. Kulmus 所著 Anatomische Tabellen 的荷兰语本，是日本第一部译自外文的人体解剖学书籍。

与将身心分离进行分析思考的近代宇宙观相比，那是一种心身如一、动态地与周围环境和谐共存、一直保持和平的生态宇宙观。现代的我们虽然无法回到那时，但我们会认为与现代人相比，古人们生存的宇宙更为舒适、令人满足。而且，应该有人会觉得比起类似中世纪西方那种塞得满满的宇宙，认可"天"的存在的我们的宇宙更大，更开放、更舒适吧。

科学与社会

有的通俗读物会写到天文学是来自于孩子浪漫的梦想，但这也只不过是将他们自身孩童时代的梦想投射到历史上而已。反观历史，似乎在开始的时候，人类并无余力去关注天。后来，当人类意识到天与人之间的关联的时候，恐怕先是生出对天的恐惧吧。另外，被世人看作高深学问代表的天文学，如果不是作为兴趣，而是作为科学或科学技术的一环的时候，就会意外地发现在历史上各个时代它都和社会之间存在的关联。这在本书的各章中也有出现，我们知道在天文学和星球的世界中也投射有社会的影子。

无法想象战后的天文学要是没有美苏之间围绕太空争霸的冷战的话会怎样，这恐怕是生活在当时的人们的真实感受吧。这种宇宙开发竞争在二十世纪七十年代实施阿波罗计划时达到了顶峰。随着冷战结束，苏联解体，NASA预算缩减、规模缩小，曾经想要在宇宙无限扩张的计划听说也进入了反省的时刻。

即使这样，在那段时间里，那段前所未有的激烈竞争里，我们眼里的宇宙确实发生了大变样。根据行星探测仪，在战前通过力学知识掌握贫乏单纯的宇宙的我们，能够看到诸多行星、卫星复杂的样子了。哈勃望远镜以及设在夏威夷的昂星望远镜等也带来了星云的异常鲜明的图像。但在修订本书时，我并没有将上述成果添加进去，因为我觉得还会有新发现，在将来我还会进行统一整理及修改。

中山茂
2011 年 6 月

译者后记

　　正如本书绪论及作者后记所述，中山茂先生试图向并非特别关心天文学的一般人讲述天文学或是天文学史，因此他用浅显的语言，带着读者从星座的观测、占星术的诞生、历法的制订、地心说向日心说的大转变、天体力学的鼎盛，到美苏太空争霸，一起追寻人类宇宙观的变迁。作者举重若轻的写法令全书洋溢着轻松的幽默和富于哲理的睿智。相信读者读过之后能对自己的宇宙观有重新的认识。

　　考虑到读者未必有天文学的基础知识，故译者在翻译过程中添加了不少译者注，而且考虑到读者可能会不按章节顺序，挑出自己感兴趣的章节阅读，所以个别译注会在书中出现多次，也请读者见谅。

　　本书由南京航空航天大学日语系教师汪丽影及所指导的硕士研究生谢云共同翻译完成，汪丽影负责翻译绪论及第一章到第五章的内容，谢云负责翻译第六章以后的内容。最终由汪丽影核对全文，进行汇总。

　　在本书的翻译过程中，得到了诸多师友的指导和启发。尤其感谢南京大学出版社田雁老师的鼎力相助，目前在日本茨城的流通经济大学攻读硕士学位的朱晓瑞同学在资料的查阅、汇总等方面提供了很大的帮助。在本书即将与读者见面之时，谨向上述师友表示诚挚的谢意。

汪丽影

于南京航空航天大学　江宁校区

2017 年 5 月 18 日

「天」的科学史

图书在版编目(CIP)数据

"天"的科学史/[日]中山茂著;汪丽影,谢云译.
—南京:南京大学出版社,2017.8
(阅读日本书系)
ISBN 978 - 7 - 305 - 19126 - 8

Ⅰ.①天… Ⅱ.①中…②汪…③谢… Ⅲ.①天文学
史-普及读物 Ⅳ.①P1 - 09

中国版本图书馆 CIP 数据核字(2017)第 189234 号

本书由日本讲谈社授权南京大学出版社发行简体字中文版,版权所有,未经书面同意,不得以任何方式作全面或局部翻印、仿制或转载。
江苏省版权局著作权合同登记 图字:10 - 2013 - 338 号

出 版 者　南京大学出版社
社　　 址　南京市汉口路 22 号　　　邮　编　210093
出 版 人　金鑫荣

丛 书 名　阅读日本书系
书　　 名　"天"的科学史
著　 者　[日]中山茂
译　 者　汪丽影　谢 云
责任编辑　田 雁　　　编辑热线　025 - 83596027

照　 排　南京紫藤制版印务中心
印　 刷　南京爱德印刷有限公司
开　 本　787×1092　1/20　印张 8.5　字数 154 千
版　 次　2017 年 8 月第 1 版　2017 年 8 月第 1 次印刷
ISBN　978 - 7 - 305 - 19126 - 8
定　 价　32.00 元

网　　 址:http://www.njupco.com
官方微博:http://weibo.com/njupco
官方微信:njupress
销售咨询热线:(025)83594756